AF501320

Extrait du Journal LE GÉNIE CIVIL

ATELIERS DE CONSTRUCTION DE CREIL

DAYDÉ & PILLÉ

INGÉNIEURS ET CONSTRUCTEURS

LES NOUVEAUX PONTS DE PARIS
(1895-1896)

PONT DE LA RUE DE TOLBIAC
AU-DESSUS DU CHEMIN DE FER DE PARIS A ORLÉANS

PONT MIRABEAU
SUR LA SEINE

NOTICES

PAR CH. TALANSIER
INGÉNIEUR DES ARTS ET MANUFACTURES

(Avec deux planches hors texte)

PARIS
PUBLICATIONS DU JOURNAL *LE GÉNIE CIVIL*
6, RUE DE LA CHAUSSÉE-D'ANTIN, 6
1896

PONT DE LA RUE DE TOLBIAC

AU-DESSUS

DU CHEMIN DE FER DE PARIS A ORLÉANS

Les grands travaux de voirie entrepris dans les quartiers de la rive gauche de la Seine pour la création d'une artère parallèle aux fortifications qui relierait directement les entrepôts de Bercy au quartier d'Auteuil, ont doté Paris de deux nouveaux ponts : le Pont de la rue de Tolbiac et le Pont Mirabeau. Ces deux ouvrages sont également remarquables par les dispositions nouvelles qu'on leur a données et par les dimensions de leurs ouvertures.

Le Pont de la rue de Tolbiac rectifie le tracé de la rue de Tolbiac à son origine et la raccorde directement avec le pont de Tolbiac, construit récemment sur la Seine. Il est appelé à remplacer le pont Picard qui passe au-dessus des voies du Chemin de fer d'Orléans, dans le voisinage de la station d'Orléans-Ceinture.

Données générales. — Le Pont de la rue de Tolbiac comprend trois parties bien distinctes : deux ouvrages métalliques dans le prolongement l'un de l'autre et raccordés avec le quai par une série de voûtes en maçonnerie. De ces deux ouvrages métalliques, l'un, le pont proprement dit, franchit les voies de l'Orléans, l'autre est un viaduc d'accès.

L'ouvrage situé au-dessus du chemin de fer mesure 162 mètres d'axe en axe des appuis sur culée. Cette distance est divisée en trois travées : une travée centrale de 84 mètres de longueur, et deux travées de rive de 39 mètres chacune.

Le viaduc d'accès a une portée totale de 44 mètres, partagée en quatre travées de 11 mètres.

L'ensemble de l'ouvrage est en pente de $0^{m}01$ par mètre et livre passage à une voie charretière de 10 mètres de large, bordée de deux trottoirs de $2^{m}50$.

Les données imposées pour l'établissement du projet restreignaient le nombre des solutions admissibles.

Une première condition était de réduire autant que possible le nombre des points d'appui à prendre sur la plate-forme du chemin de fer; en même temps, l'épaisseur du tablier était limitée par l'obligation où l'on se trouvait de ne pas surélever le niveau de la chaussée, tout en conservant sous le pont une hauteur suffisante pour le passage des trains. On ne pouvait alors admettre qu'un pont composé de deux poutres principales reliées à leur partie inférieure par des entretoises ou pièces de pont supportant la chaussée.

L'espace à franchir, qui est de 160 mètres de nu en nu des culées, est partagé en trois intervalles par deux piles intermédiaires distantes de 60 mètres d'axe en axe et laissant de chaque côté des ouvertures égales.

Exposé du système de pont. — Sur les piles reposent les poutres principales de la travée centrale; elles se continuent, au delà des appuis, par des porte-à-faux ayant 12 mètres de longueur. Les poutres des travées de rive s'appuient, d'une part, sur l'extrémité des porte-à-faux prolongeant la travée centrale, et, d'autre part, sur les culées.

Cette disposition, qui consiste à faire supporter par une poutre munie de porte-à-faux la réaction due à la charge d'une travée voisine, présente en principe de grands avantages. Une charge verticale, agissant sur une poutre en dehors de l'espace compris entre ses points d'appui, donne naissance, dans la partie centrale de cette poutre, à des efforts inverses de ceux dus à une charge placée entre ces points d'appui. Les efforts totaux, supportés par les différents éléments de la la partie centrale, se trouvent alors diminués d'autant, et, par suite, les dimensions à donner à ces pièces sont moindres que si la poutre était coupée sur ses appuis. On voit que la travée considérée se comporte, sous l'influence de la charge permanente et de la surcharge agissant sur elle ou sur les travées voisines, comme une travée de pont continu.

Un ouvrage ainsi conçu, tout en offrant, au point de vue de la répartition des efforts, les avantages des poutres continues, évite leur inconvénient principal, qui réside dans la réunion rigide des travées, cette rigidité pouvant devenir dangereuse dans le cas où des dénivellations se produiraient sur les points d'appui. En même temps, la portée des travées de rive se trouve diminuée de toute la longueur du porte-à-faux, et, elles sont plus légères. Ce sont ces considérations qui ont conduit au choix du système adopté pour l'ensemble du pont vu en élévation.

Poutres de la travée centrale. — Les poutres composant la travée centrale ont 84 mètres de longueur entre les axes des appuis des balanciers. Leur hauteur totale au milieu est de 10^{m}60. Elles sont écartées de 16 mètres d'axe en axe et laissent entre elles un passage libre de 15 mètres.

Le tracé de la membrure supérieure affecte la forme d'un polygone convexe. La membrure inférieure, rectiligne sur une longueur de

FIG. 1. — Vue d'ensemble de la travée centrale du Pont de la rue de Tolbiac au moment du montage.

60 mètres, se relève en dehors des appuis et rencontre les côtés extrêmes du polygone de la membrure supérieure en deux points qui sont les centres des appuis des balanciers.

La distance entre les appuis sur pile est divisée en cinq panneaux de 12 mètres, et les sommets de la membrure polygonale supérieure sont situés sur des perpendiculaires élevées au milieu de ces panneaux. Les lignes inclinées, qui relient chaque sommet du polygone supérieur aux points de division de la membrure inférieure situés de part et d'autre de la normale correspondant à ce sommet, forment les axes des barres de treillis (fig. 2).

Les charges résultant du poids mort du tablier et de la surcharge sont reportées sur les poutres par l'intermédiaire d'entretoises. Ces entretoises, espacées de 6 mètres d'axe en axe, s'appuient sur la membrure inférieure. Au droit de chaque nœud formé par la rencontre des axes des treillis et de la membrure, est placée une entretoise; la réaction des entretoises intermédiaires qui reposent sur la membrure, au milieu de l'intervalle de deux nœuds, est transmise aux nœuds de la membrure supérieure par l'intermédiaire d'une barre formant tige de suspension. Seules, les entretoises qui sont au-dessus des piles ne portent pas sur les poutres, elles sont supportées directement par les appuis de la travée centrale. Les membrures ne sont alors soumises qu'à des efforts de tension ou de compression, toutes les charges étant concentrées aux nœuds.

L'entretoise qui est à l'extrémité des poutres principales est suspendue directement à l'articulation; l'entretoise située entre l'appui et l'articulation est suspendue à la membrure supérieure.

Dans ce type de poutre à triangulation simple, où les charges sont appliquées en des points bien déterminés, aucune pièce accessoire n'intervient pour modifier la répartition des forces ainsi que le mode de travail des éléments. La détermination des efforts dans chaque élément peut donc se faire sans qu'il y ait d'incertitude sur leur sens et leur grandeur.

Les membrures sont à double paroi et forment un caisson. Les faces verticales ont une section en forme de ⊔, composée d'une âme de 600 millimètres de hauteur bordée de deux cornières de 100 × 100 × 10 placées à l'extérieur du caisson. La largeur du caisson mesurée entre les talons des cornières est de 620 millimètres et des treillis en fer plats entretoisent haut et bas les deux faces verticales qui sont de plus reliées par des goussets horizontaux au droit de chaque nœud.

L'épaisseur de l'âme n'est pas constante; elle varie suivant les indications du calcul. Dans les éléments 16, 17, 18, composant la membrure inférieure, l'épaisseur de l'âme est de 20 millimètres, formée de deux tôles de 10 millimètres chacune (fig. 3); dans les éléments 11 et 15, cette épaisseur est portée à 30 millimètres par l'adjonction d'une tôle de 10 millimètres; dans les éléments portant le n° 12, la tôle supplémentaire a une épaisseur de 13 millimètres, ce qui donne

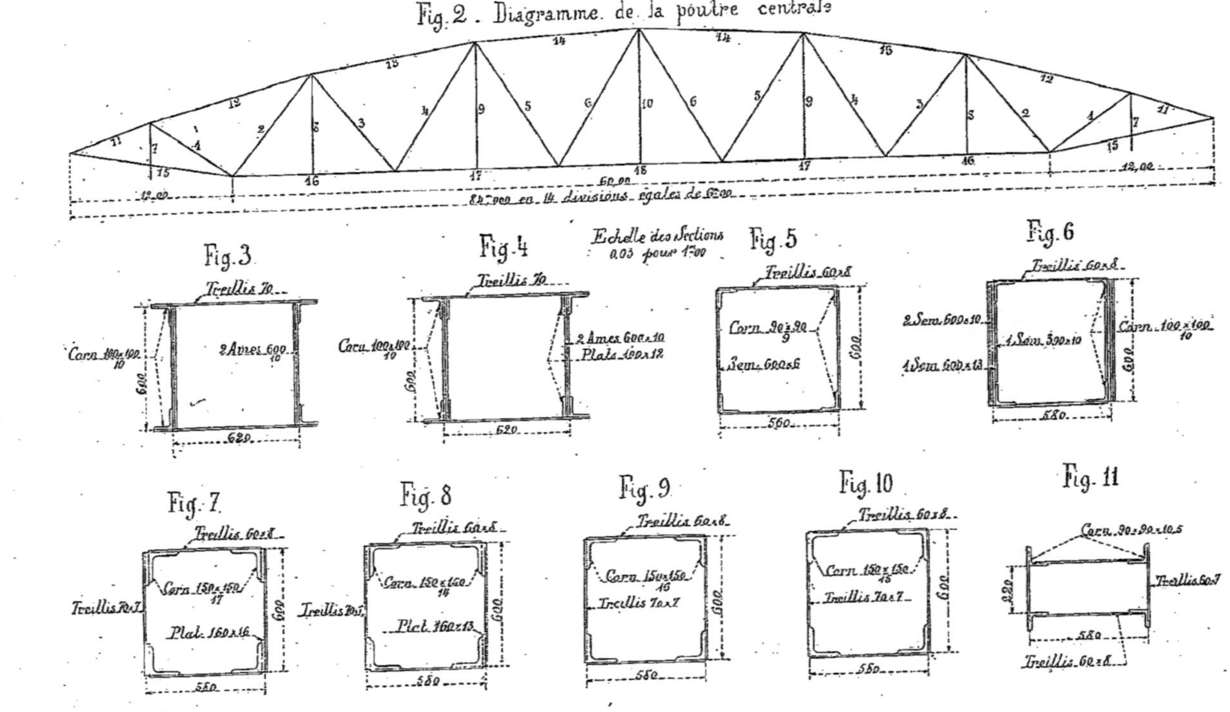

Fig. 2. Diagramme de la poutre centrale
84m900 en 14 divisions égales de 6m00
Echelle des Sections 0,03 pour 1m00
Fig. 3
Treillis 70
Corn. 100×100 / 10
2 Ames 600 / 10
Fig. 4
Treillis 70
Corn. 100×100 / 10
2 Ames 600×10
Plats 400×12
Fig. 5
Treillis 60×8
Corn. 90×90 / 9
Fig. 6
Treillis 60×8
2 Sem. 600×10
1 Sem. 600×13
1 Sem. 390×10
Corn. 100×100 / 10
Fig. 7
Treillis 60×8
Corn. 150×150 / 17
Treillis 70×7
Plat. 160×16
Fig. 8
Treillis 60×8
Corn. 150×150 / 14
Plat. 160×13
Fig. 9
Treillis 60×8
Corn. 150×150 / 16
Treillis 70×7
Fig. 10
Treillis 60×8
Corn. 150×150 / 15
Treillis 70×7
Fig. 11
Corn. 90×90×10,5
Treillis 60×7
Treillis 60×8

33 millimètres pour l'épaisseur de l'âme. Enfin, dans les éléments 13 et 14, la section constante est renforcée par des plats de 100 × 12 rivés sur les âmes à l'intérieur des caissons (fig. 4).

A chaque nœud, l'âme de 10 millimètres qui n'est pas en contact avec les cornières est interrompue et remplacée par un gousset sur lequel s'assemblent les barres de treillis aboutissant à ce nœud; des couvre-joints placés de part et d'autre du gousset assurent la continuité de la membrure.

Les goussets intérieurs de la membrure inférieure sont entaillés pour le passage des pièces de pont (pl. I, fig. 11). Des couvre-joints relient à la partie supérieure les deux parties du gousset pour le mettre à même de résister aux efforts exercés par les barres de treillis qui s'attachent sur ce gousset. Dans le gousset extérieur, au niveau de la cornière supérieure de la membrure, il existe une ouverture rectangulaire de 0m22 de largeur et de 0m08 de hauteur pour le passage de l'étrier d'appui de la pièce de pont.

Les barres constituant la triangulation ont une section en forme de caisson ayant 600 millimètres de largeur sur les faces parallèles aux poutres et 580 millimètres sur les faces transversales. Toutes ces barres sont à treillis sur les quatre faces à l'exception de celles aboutissant aux nœuds sur appui.

La barre 1 (fig. 5) et la barre 2 (fig. 6) sont composées chacune de quatre cornières réunies par des semelles dans les faces longitudinales et par des treillis dans les faces transversales. La barre 3 (fig. 7) et la barre 4 (fig. 8) sont composées chacune de quatres cornières de 150 × 150 renforcées par des plats de 160 millimètres placés sur les faces longitudinales des caissons et réunies par des treillis en fers plats sur les quatre faces. La barre 5 (fig. 9) et la barre 6 (fig. 10) sont composées chacune de quatre cornières de 150 × 150 reliées par des treillis en fers plats. Dans toutes ces barres les treillis des faces longitudinales ont 70 × 8 et ceux des faces transversales ont 60 × 8.

Les pièces verticales portant les numéros 7, 8, 9, 10 n'entrent pas dans la résistance de la poutre. Elles transmettent aux nœuds de la membrure supérieure les réactions des pièces de pont placées entre deux nœuds consécutifs de la membrure inférieure. Leur section est en forme de caisson composé de quatre cornières de 90 × 90 × 10.5; les parois du caisson sont formées par des treillis en fers plats (fig. 11).

Les axes des deux membrures supérieure et inférieure se réunissent à 12 mètres de l'axe de la pile et les parois se rejoignent pour former une crosse capable de supporter la réaction du balancier et de loger l'axe d'articulation (pl. I, fig. 7).

Poutres des travées de rive ou balanciers. — Les balanciers mesurent 39 mètres de portée d'axe en axe des appuis; leur hauteur totale au milieu est de 7m84, et l'écartement d'axe en axe des poutres est de 16 mètres, comme dans la travée centrale.

La membrure supérieure est un polygone convexe. La membrure

inférieure, droite sur une longueur de 24 mètres, se relève aux extrémités pour aboutir au centre des axes d'articulation.

La membrure inférieure, dans la partie centrale, est divisée en quatre panneaux de 6 mètres, et les sommets de la membrure supérieure ainsi que les axes des barres inclinées formant la triangulation ont été déterminés de la même manière que pour les poutres de la grande

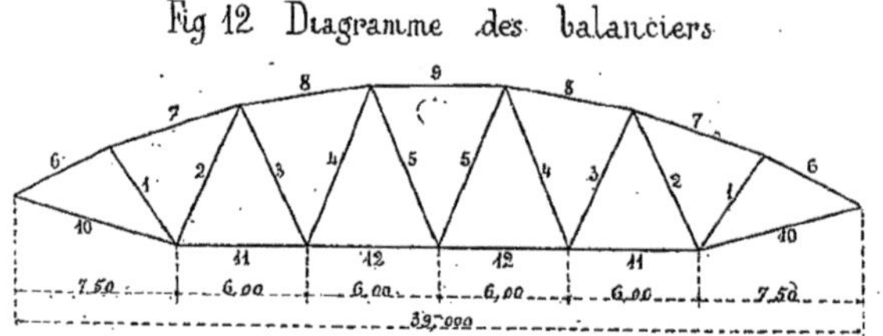

travée (fig. 12). Les nœuds inférieurs n'étant espacés que de 6 mètres, toutes les entretoises reposent directement sur les nœuds.

La composition des membrures, dans les balanciers, est analogue à celle des poutres centrales. Les membrures à double paroi forment un caisson dont les faces verticales ayant une section en forme de ⊔ sont composées : chacune d'une âme de 400 millimètres de hauteur et de deux cornières de 100 × 100 × 10 placées à l'extérieur du caisson. La largeur mesurée entre les talons des cornières est de 480 millimètres et les faces verticales sont entretoisées haut et bas par des treillis en fers plats et par des goussets horizontaux placés au droit de chaque nœud.

L'épaisseur de l'âme n'est pas constante : elle varie suivant les indications du calcul. Dans les éléments 6, l'âme composée de deux plats de 10 millimètres superposés a 20 millimètres d'épaisseur (fig. 13); dans les éléments 7, 8, 9, l'épaisseur est de 22 millimètres obtenue en augmentant de 2 millimètres l'épaisseur du plat intérieur. Dans

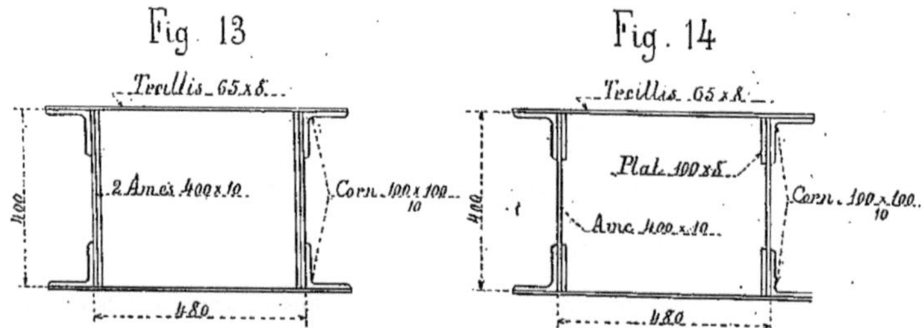

les éléments 10 et 11, l'épaisseur de l'âme n'est que de 10 millimètres mais la section est renforcée par des plats de 100 × 8 rivés à l'intérieur du caisson (fig. 14); enfin, dans les éléments 12, l'âme a une épaisseur de 17 millimètres composée d'un plat de 10 et d'un plat de 7 millimètres d'épaisseur.

Les goussets d'attache des treillis sont assemblés avec les membrures de la même façon que dans les poutres centrales; à chaque nœud ils sont situés dans le plan de l'âme extérieure qu'ils remplacent. Dans les goussets de la membrure inférieure on a suivi la même disposition que dans la travée centrale pour réaliser l'appui direct des pièces de pont sur les membrures.

Au droit des étriers d'appui des pièces de pont, les deux parois de la membrure inférieure sont réunies par des entretoises. Cette disposition qui était inutile dans la travée centrale où les barres de treillis pénétrant à l'intérieur des membrures relient les deux faces, devient nécessaire dans les balanciers où les diagonales s'arrêtent au niveau supérieur des âmes.

Les diagonales ont une section en forme de caisson mesurant 460 millimètres de largeur sur les faces transversales et dont la largeur varie de 330 à 360 millimètres sur les faces parallèles aux poutres. Elles sont toutes à treillis sur les quatre faces (fig. 15). Les sections des différentes barres sont les suivantes : barre 1, 4 cornières de 70 × 70 × 7 ; barre 2, 4 cornières de 80 × 80 × 8; barre 3, 4 cornières 90 × 90 × 9; barres 4 et 5, 4 cornières 90 × 90 × 10. Les treillis formant les faces des caissons sont en plat de 60 × 7.

Fig 15

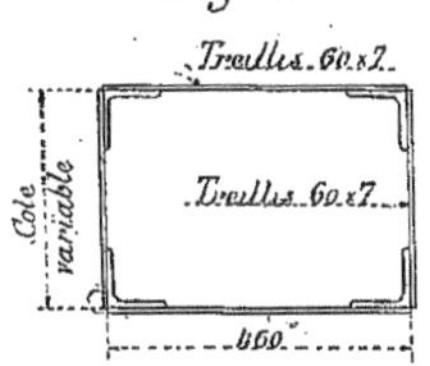

Jonction des travées de rive et de la travée centrale. — Aux extrémités de chaque poutre, les membrures viennent s'assembler sur des goussets munis de renforts pour les mettre à même de recevoir la réaction des appuis (pl. I, fig. 7).

Une entretoise en acier moulé réunit les membrures des poutres du balancier, qui pénètrent, avec un jeu très faible, entre les faces verticales des poutres centrales. La réunion des poutres des deux travées est faite au moyen d'un axe en acier forgé de 250 millimètres de diamètre. Cet axe, muni d'une tête à une de ses extrémités, est maintenu par une rondelle et une broche (pl. I, fig. 4).

Appuis sur culées. — Sur les culées, les balanciers reposent par l'intermédiaire d'appuis à rotules munis de rouleaux de dilatation. Les deux membrures de chaque poutre, entretoisées par une pièce en acier coulé, embrassent la plaque supérieure de l'appui, et la rotule est constituée par un axe analogue à celui de l'articulation qui réunit deux travées (pl. I, fig. 3).

Appuis sur piles. — La travée centrale porte sur les piles par des appuis à rotules. Deux de ces appuis sont munis de rouleaux de

Fig. 16. — Vue en bout de la travée centrale du Pont de la rue de Tolbiac, avant le montage des balanciers.

dilatation (pl. I, fig. 7), les deux autres sont des appuis d'ancrage. Au droit de ces appuis, les deux membrures de chaque poutre sont réunies par un gousset épais rivé sur les cornières inférieures, et par des goussets formant entretoises rivés sur les cornières de la barre de treillis aboutissant à l'appui.

Tablier. — Dans les ponts-routes la question de la constitution du tablier est des plus importantes. Suivant les dispositions adoptées, le poids de cette partie de l'ouvrage, qui entre pour une notable proportion dans la charge permanente, peut varier entre deux limites très éloignées.

Nature de la chaussée. — Le pavage en bois était d'abord tout indiqué pour le revêtement de la chaussée. Outre son faible poids spécifique, ce mode de pavage présente de sérieux avantages surtout pour les ponts métalliques: l'élasticité du bois et la surface unie que l'on peut obtenir amortissent et suppriment les chocs produits par le passage des voitures.

La chaussée de 10 mètres de large est limitée de chaque côté par des bordures en granit. La fondation a été prévue en béton bitumineux, afin qu'elle soit plus souple et qu'elle se prête plus facilement aux déformations que la température ou le passage de charges exceptionnelles feront subir au tablier.

La chaussée, continue sur toute la longueur de l'ouvrage, est interrompue sur les culées. En ces points, on a ménagé un joint de dilatation, et le raccordement de la chaussée, sur le pont et sur la culée, s'effectue au moyen d'une tôle bavette qui reproduit exactement le profil transversal de la chaussée. Cette bavette fixée sur le garde grève réunissant les extrémités des longerons, repose, du côté de la culée, sur une bordure métallique scellée dans la maçonnerie et sur laquelle elle glisse pour suivre les mouvements de dilatation de l'ensemble du pont (pl. I, fig. 6). Pour les trottoirs, les tôles striées du platelage sont prolongées sur les culées pour former bavettes et constituer le joint de dilatation.

Pour supporter la chaussée, on ne pouvait songer à des voûtes en briques reposant directement sur les entretoises. Ce système est souvent employé pour les ponts-routes, malgré le poids de la charge permanente qu'il impose, parce qu'il permet de supprimer les longerons; son inconvénient est de multiplier le nombre des entretoises. La multiplicité des entretoises qui, lorsque leur portée est faible, n'augmente pas sensiblement le poids du tablier, était inadmissible dans un ouvrage où cette portée atteint 16 mètres et où la surcharge roulante est composée de chariots pesant 11 000 kilogr. et 16 000 kilogr. marchant sur quatre files.

On aurait pu, il est vrai, tout en espaçant les entretoises, conserver des voûtes en briques à condition de les placer dans le sens longitudinal. Cette disposition aurait fait disparaître le seul avantage du type examiné en obligeant à prévoir des longerons. Un platelage métallique posé sur longerons devenait la seule solution admissible.

Platelage de la chaussée. — La chaussée est supportée par des tôles d'acier rivées sur huit files de longerons intermédiaires et deux longerons bordures. L'écartement entre les longerons extrêmes est de 10^m800, partagé en 9 divisions égales de 1^m200. Les tôles sont cintrées suivant une flèche de 0^m05 ; elles tournent leur convexité vers le bas et forment cuvette pour recevoir le béton de fondation. Grâce à cette disposition, le métal, qui travaille constamment à la tension, a une forme d'équilibre stable ; cela a permis de réduire l'épaisseur et par suite le poids des tôles sans compromettre la sécurité de l'ouvrage.

Longerons. — Les longerons intermédiaires sous chaussée s'assemblent sur les pièces de pont ; les longerons-bordure de la chaussée et du trottoir sont continus et passent au-dessus des pièces de pont sur lesquelles ils prennent appui.

Sur les culées, les longerons sous chaussée et les longerons-bordure de la chaussée sont reliés entre eux par un garde grève et reposent sur les maçonneries par l'intermédiaire de plaques de friction en acier coulé.

Les longerons sous chaussée, dont la portée est de 6 mètres, ont une section en forme de double T, composée d'une âme de 500×7, portant à la partie inférieure deux cornières de $80 \times 60 \times 8$ et à la partie supérieure deux cornières de $70 \times 70 \times 7$ sur lesquelles est rivée une semelle de 300×7 (fig. 17). Cette semelle, qui entre dans la résistance du longeron, est coudée de part et d'autre des cornières-membrures, pour permettre l'assemblage des tôles cintrées formant le platelage de la chaussée.

Pour les longerons qui réunissent les pièces de pont, espacées de

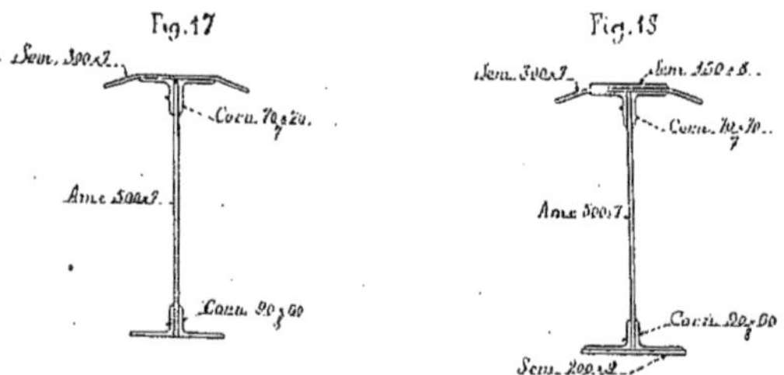
Fig. 17 — Fig. 18

7^m50, et pour ceux qui aboutissent sur culée, c'est-à-dire pour les longerons situés dans les panneaux extrêmes des travées de rive, cette section est renforcée, au milieu de la portée, par l'adjonction d'une semelle supplémentaire de 150×8 à la partie supérieure et d'une semelle de 200×9 à la partie inférieure (fig. 18).

La tension horizontale que la tôle soumise à une surcharge reporte sur le longeron, produit dans celui-ci une flexion transversale. La tôle tendue constitue, il est vrai, une âme horizontale considérable ; mais la plus grande résistance provient de la tôle voisine, qui s'oppose d'autant mieux à la flexion considérée, que son coefficient de travail est très faible sous l'action de la charge permanente. Dans le cas où cette tôle porterait une surcharge, elle tendrait à détruire en tout ou en partie l'effort de flexion dont il est question. Cet effort de flexion ne pourra donc être que très faible ; toutefois, pour éviter, non pas tant des efforts supplémentaires dans le longeron que les variations de flèche des tôles et les dislocations qui en résulteraient dans le béton de fondation, les longerons sont réunis transversalement sur toute la largeur du tablier par des entretoises espacées d'environ 1m 20 (pl. I, fig. 10).

Les longerons suivent la pente de la chaussée, qui est de 0, 01 par mètre. Dans le sens transversal, les longerons intermédiaires ne sont pas tous au même niveau : ils sont disposés suivant la courbure de la chaussée. De cette façon, l'épaisseur de béton est la même au droit de tous les longerons.

Les longerons-bordure de la chaussée qui sont continus comme il a été dit plus haut, ont une section en forme d'⊔. Ils sont composés d'une âme de 400 × 7 bordée à la partie supérieure par une cornière de 80 × 80 × 9 et à la partie inférieure par une cornière de 80 × 80 8 portant un plat de 140 × 7 sur lequel s'assemblent les tôles cintrées du platelage sous chaussée (fig. 19.) Les tôles striées formant le platelage des trottoirs sont rivées sur la cornière supérieure.

Au droit des entretoises suspendues sous l'articulation située à la jonction des balanciers de rive avec les poutres principales de la travée centrale, la continuité des longerons n'existe plus. En ces points il a fallu ménager, dans le tablier, un joint pour assurer le libre jeu des articulations qui sont situées en dehors du plan du tablier.

Fig. 19

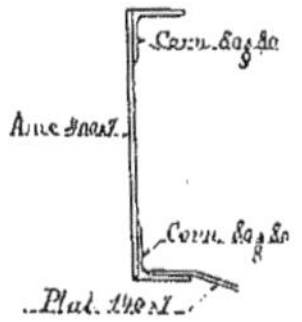

Fig. 20

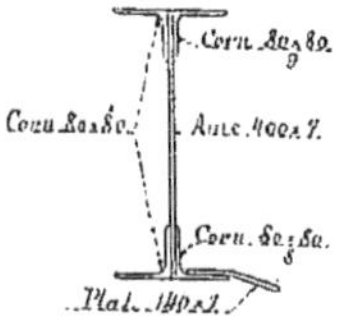

La section des longerons qui prennent appui sur ces entretoises est renforcée par l'adjonction de deux cornières placées sur la face extérieure du longeron (fig. 20.) Pour les longerons aboutissant sur la culée, où on ne peut considérer qu'un appui simple, la section est également renforcée.

Les cornières ajoutées à la section constante du longerons ont 80 × 80 × 8 pour les longerons de 6 mètres de portée et 80 × 80 × 10 pour ceux de 7m 50 de portée.

Longeron extérieur du trottoir. — Le longeron extérieur du trottoir est placé, au point de vue du calcul, dans les mêmes conditions que le longeron bordure de la chaussée. Sa section constante est formée d'un fer en ⊔ de 200 et d'une cornière de 70 × 70 × 7 servant à l'assemblage des tôles striées des trottoirs (fig. 21).

Fig. 21

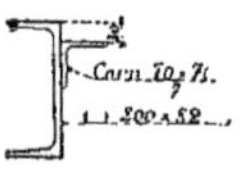

Dans les panneaux où le longeron bordure de chaussée est renforcé, et pour les mêmes raisons, le longeron extérieur du trottoir est également renforcé par l'adjonction d'une cornière de 70 × 70 à la partie inférieure du fer ⊔.

Entretoises porteuses ou pièces de pont. — Les entretoises porteuses ou pièces de pont ont, comme nous l'avons dit, une portée de 16 mètres mesurée d'axe en axe des poutres principales. Quoique le tablier soit en pente, elles sont disposées verticalement, afin qu'elles n'aient à supporter que des efforts agissant dans leur plan de symétrie. Leur section présente la forme d'un double T composé d'une âme de 10 millimètres d'épaisseur, de 4 cornières de 100 × 100 × 12 et de semelles de 490 millimètres de largeur dont l'épaisseur varie suivant les indications du calcul : au milieu de la portée cette épaisseur est de 73 millimètres.

Dans la partie centrale, sur une longueur de 10^{m} 800, la membrure inférieure est rectiligne, tandis que la membrure supérieure suit la courbure de la chaussée. De chaque côté, les extrémités se relèvent pour venir reposer sur les poutres principales.

Les entretoises ne sont pas attachées sur les poutres principales : elles sont simplement posées. Entre les membrures sont disposés des étriers en acier coulé, sur lesquels l'entretoise porte par l'intermédiaire d'une rotule en acier forgé et d'un coussinet (pl. I, fig. 11). Le premier avantage de cette disposition est de ne soumettre les poutres principales qu'à des efforts verticaux s'exerçant dans leur plan de symétrie. L'attache d'une pièce sur une autre par l'intermédiaire d'un montant rivé produit toujours un encastrement partiel dont il est difficile d'estimer la valeur. Les forces formant le couple d'encastrement donnent naissance, dans l'une des pièces, à des efforts transversaux qui modifient les conditions de travail de cette pièce : c'est là ce qu'on a voulu éviter dans les membrures inférieures. De plus, pour le calcul des entretoises, on se trouve placé dans les conditions exactes de la théorie, et la répartition des efforts, dans la réalité, est conforme aux résultats donnés par le calcul.

L'espacement des entretoises est de 6 mètres, sauf dans les travées de rive, où, à chaque extrémité, on a des portées de 7^{m} 500 pour les longerons. Dans la partie centrale de la grande travée et des balanciers, les entretoises s'appuient directement sur les membrures inférieures; au droit des piles, elles reposent sur les appuis des poutres principales (pl. I, fig. 12). Les entretoises qui se trouvent à la jonction des travées sont suspendues à l'articulation par une chape et deux bielles en acier forgé (pl. I, fig. 4). Quant aux entretoises situées entre l'articulation et la pile, elles sont suspendues à la membrure supérieure de la grande travée (pl. I, fig. 5).

Trottoirs. — Les trottoirs, formés d'un platelage en tôle striée, sont recouverts d'une couche d'asphalte. La tôle striée, raidie par des cornières longitudinales, est rivée sur des entretoises en fers à double T, qui s'attachent sur le longeron extérieur du trottoir et sur le longeron bordure de la chaussée.

Le longeron extérieur est, en outre, destiné à recevoir les grilles qui règnent sur toute la longueur du pont et forment garde-corps.

Articulation du tablier. — La jonction des balanciers et de la travée centrale étant formée par une articulation, il peut se produire en ce point certains mouvements d'abaissement ou de relèvement. Pour permettre au tablier de suivre ces mouvements sans se disloquer, on l'a muni d'une articulation sur l'entretoise suspendue. A cet effet, les longerons des travées de rive sont réunis à l'entretoise considérée par des boulons placés dans des trous ovalisés, et les longerons du trottoir, dont la continuité est assurée partout ailleurs, sont coupés au droit de cette entretoise. En ces points, le platelage du trottoir est interrompu et les tôles striées, laissant entre elles un jeu de 10 millimètres, sont soutenues par deux entretoises placées de part et d'autre de la coupure.

Contreventements. — Le centre de gravité de l'ensemble d'une travée est situé très bas par suite de la position du tablier et de la chaussée qui forment la majeure partie du poids permanent. En considérant que l'écartement des appuis est de 16 mètres, on voit que la stabilité de l'ouvrage est assurée, pourvu que le système formé par les poutres principales et le tablier soit indéformable, c'est-à-dire pourvu que les poutres principales ne puissent pas sortir du plan vertical.

Si une pareille déformation venait à se produire, par suite d'une nclinaison des poutres, ou d'une flèche horizontale prise par la membrure supérieure, la solidité de l'ouvrage serait gravement compromise. Les charges cessant d'agir dans le plan des membrures supérieures qui sont comprimées, donneraient naissance à des moments de flexion auxquels ces membrures ne sont pas en état de résister.

Chaque poutre principale est reliée au tablier par une charnière dont l'axe est constitué par les appuis des pièces de pont. Les membrures supérieures sont entretoisées au droit des nœuds, par des sommiers, dont la section présente une forme pentagonale. Dans ces sommiers les faces inférieures sont normales aux faces latérales qui sont dans un même plan avec les faces supérieures des barres de treillis aboutissant au nœud considéré ; ces quatre faces sont à treillis. Quant à la face supérieure, elle est faite d'une tôle coudée suivant l'angle que forment les membrures. Les sommiers s'assemblent directement sur les poutres, et des arcs en treillis, réunissant les sommiers aux barres de treillis, rendent indéformables les angles de la figure composée par les poutres principales et le sommier. L'ensemble des barres de treillis du sommier et des arcs représente un portique qui s'appuie à la partie inférieure sur le tablier. Par suite de sa composition, le tablier peut être considéré comme une poutre horizontale rigide, offrant au point de vue du contreventement un appui fixe. Il existe cinq portiques dans la travée centrale et deux dans chaque balancier.

Fig. 22. — Vue de l'extrémité de l'une des poutres de la travée centrale du Pont de la rue de Tolbiac.

Dans les balanciers, les portiques ont seulement pour but de prévenir un voilement possible des membrures supérieures, en créant des points d'appui intermédiaires. Au point de vue de la stabilité propre des poutres, ces portiques ne jouent aucun rôle, car ces poutres sont stables par elles-mêmes, comme on va le voir.

Stabilité des balanciers. — Les appuis des poutres des balanciers sont placés bien au-dessus du centre de gravité des charges qui sollicitent ces poutres. En prenant comme plan de comparaison le plan d'axe des membrures inférieures rectilignes, le centre de gravité de la travée non surchargée se trouve à environ $0^{m}45$ au-dessus de ce plan, tandis que les axes d'articulation formant points d'appui en sont à une distance de $2^{m}15$. Dans ces conditions, on voit de suite que l'équilibre est stable et que les poutres tendront toujours à revenir dans le plan vertical. D'ailleurs, si on suppose la travée isolée et reposant sur quatre appuis sphériques, c'est-à-dire n'offrant aucune résistance à l'inclinaison que pourraient prendre les poutres, on a estimé que le système formé par les deux poutres et le tablier s'écarterait de la verticale tout au plus de $0^{m}02$ en comptant sur un vent de 100 kilogr. par mètre carré, le tablier ne portant aucune surcharge. Or, dans la réalité, on est loin de ces conditions désavantageuses. Le tablier, qui est ininterrompu sur toute la longueur de l'ouvrage, entre les deux culées, et sur lequel les poutres viennent prendre appui sous l'action du vent, présente à lui seul une rigidité transversale suffisante pour s'opposer à toute oscillation des travées d'extrémité. De plus, les axes d'articulation, dont la longueur dépasse 600 millimètres, sont solidement maintenus entre les membrures des poutres centrales.

Viaduc d'accès. — Le viaduc d'accès, situé entre le chemin de fer et la Seine, a 44 mètres de portée. Il s'appuie à ses extrémités sur des culées en maçonnerie et dans le cours, sur trois rangs de colonnes en fonte.

La chaussée et les trottoirs, qui ont la même composition que ceux du grand pont, sont portés par douze poutres longitudinales placées en dessous. Les deux poutres extrêmes, espacées de 15 mètres d'axe en axe, forment longerons de rive pour les trottoirs; de plus, elles doivent porter les grilles constituant le garde-corps sur le viaduc.

Fig. 23

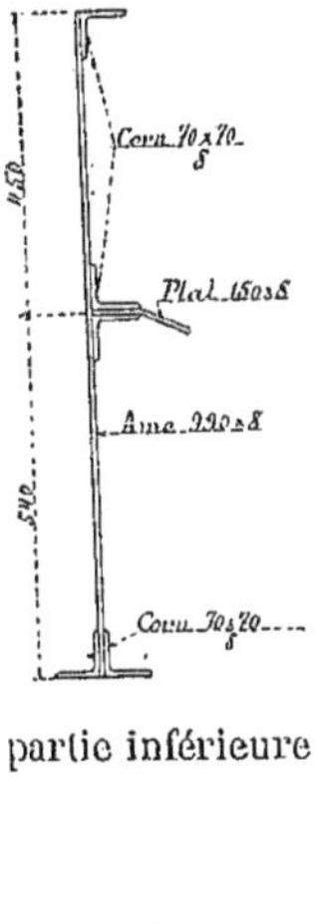

La section des poutres-bordures de la chaussée est formée d'une âme de 990 × 8, de cinq cornières de 70 × 70 × 8 et d'un plat de 150 × 8 (fig. 23). Sur la cornière supérieure s'attache le platelage métallique du trottoir; les cornières intermédiaires, avec le plat de 150 × 8, servent à l'assemblage des tôles cintrées sous chaussée. Les poutres intermédiaires sont analogues aux longerons sous chaussée du grand pont. Leur hauteur varie de 620 à 720 millimètres, de manière à suivre la courbure du profil transversal de la chaussée. Elles sont composées chacune d'une âme de 8 millimètres d'épaisseur, de quatre cornières de 70 × 70 × 8, d'une semelle de 250 × 8, située à la partie inférieure et de deux semelles ayant 300 × 8 et 150 × 8 à la partie supérieure (fig. 24). La semelle de 300 × 8, dont les bords sont repliés, sert à l'attache des tôles cintrées supportant la chaussée. Sur les culées, les dix poutres intermédiaires sont réunies par un garde-grève disposé pour assurer la continuité de la chaussée sur le viaduc et sur la maçonnerie.

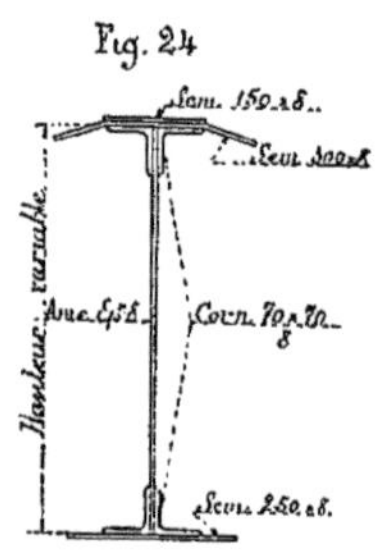

Chaque appui intermédiaire comporte quatre colonnes en fonte, reliées à leur partie supérieure par un sommier sur lequel reposent les poutres du viaduc (pl. I, fig. 9). La section du sommier, dans la partie comprise sur les colonnes, est constante et a la forme d'un double T composé d'une âme de 480 × 8, de quatre cornières de 80 × 80 × 10 sur lesquelles sont rivées des semelles de 300 millimètres de largeur (fig. 25). En dehors des colonnes, les extrémités du sommier se relèvent et forment consoles pour soutenir les poutres extérieures sous trottoir.

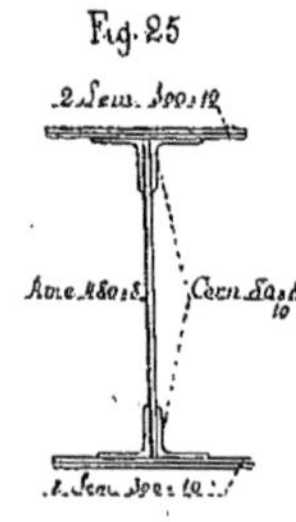

Au droit des sommiers, les poutres sont entretoisées sur toute leur hauteur (pl. I, fig. 9) et dans le cours des travées sont placées des entretoises semblables à celles qui relient les longerons dans le tablier de l'ouvrage principal.

Nature et qualité des métaux. — Toute l'ossature métallique de ces deux ouvrages est en acier laminé, ainsi que les tôles cintrées de la chaussée et les tôles striées des trottoirs.

Les rivets posés à l'atelier sont en acier, tandis que les rivets posés au chantier sont en fer.

Les bielles de suspension, les axes, les rotules et les rouleaux de dilatation des appuis sont en acier forgé.

Les étriers et les coussinets d'appui des entretoises, les appuis des poutres principales sur piles et sur culées, et les plaques d'appui des longerons sont en acier moulé.

Les colonnes du viaduc d'accès sont en fonte.

Le poids total des métaux entrant dans la construction est de 1 266 000 kilogr. qui se décompose ainsi :

Acier laminé	1.198 tonnes.
Acier forgé	11 —
Acier moulé	28 —
Fonte.	29 —

Dans le poids des aciers laminés sont compris les caissons des piles et des culées, qui pèsent 139 tonnes.

Les conditions de résistance imposées par le cahier des charges étaient les suivantes :

Nature des métaux	Résistance à la traction par millimètre carré	Allongement
—	—	—
Acier laminé	46 kilogr.	22 °/₀
Acier forgé	50	25
Acier moulé.	60	10
Acier pour rivets et boulons . . .	40	28
Fer pour rivets et boulons	38	24

Quant aux fontes, elles devaient pouvoir résister à une compression de 70 kilogr. et à une traction de 12 kilogr. par millimètre carré.

Montage du pont. — La mise en place des travées au-dessus des voies du chemin de fer a été faite sur pont de service. Les pièces, amenées sur wagon à l'emplacement du pont, étaient enlevées directement sur le plancher de l'échafaudage, où elles étaient reprises pour être mises en place par une grue roulante de 18 mètres de portée et 12 mètres de hauteur, embrassant complètement le pont.

Pour composer le chemin de roulement de la grue et les pièces longitudinales qui devaient se trouver sous les poutres en montage, on a utilisé les poutres du viaduc d'accès, en les supportant par des palées en charpente espacées de 8 mètres. Le montage a compris trois périodes : on a commencé par la travée centrale, puis on a procédé successivement au montage des deux balanciers.

Maçonneries. — Nous avons dit que le pont repose sur deux piles et sur deux culées en maçonnerie.

Les dispositions adoptées pour ces maçonneries, ainsi que leur mode d'exécution, quoique ne présentant aucune particularité saillante, méritent cependant d'être mentionnés.

Une pile unique pour supporter deux appuis écartés de 16 mètres serait une erreur ; la charge ne pourrait pas se répartir également sur toute la surface de la fondation ; la partie centrale qui ne porterait rien constituerait une dépense inutile, et, de plus, on serait exposé à voir des fissures se produire dans la maçonnerie par suite de tassements inégaux sous l'action des charges.

La pile unique a été remplacée par deux piles espacées de 16 mètres. Chacune de ces piles est fondée sur un caisson métallique de forme circulaire descendu à l'air libre. Ce caisson, de 5 mètres de diamètre, formait une sorte de rouet. Pendant qu'à l'intérieur du caisson on creusait le sol pour arriver à un terrain résistant, on maçonnait à l'air libre, au-dessus du plafond. La maçonnerie était faite, sur tout le pourtour du caisson, en réservant au centre une cheminée de $2^{m}50$ de diamètre.

Le poids des maçonneries aidait à l'enfoncement du caisson. Des hausses étaient ajoutées au fur et à mesure de la descente, afin de protéger la maçonnerie contre le frottement des terres et d'éviter que,

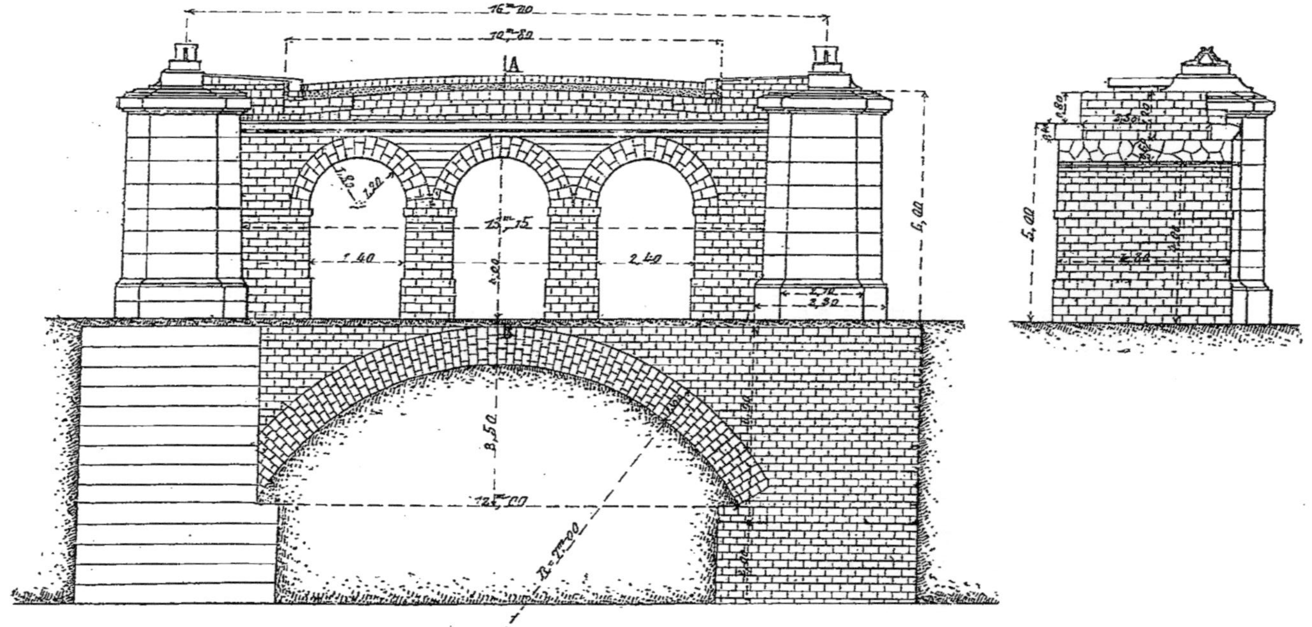

Fig. 26. — Détails de la pile-culée du Pont de la rue de Tolbiac, du côté du viaduc d'accès.

une séparation venant à se produire dans la maçonnerie, une partie ne fût retenue pendant que le caisson continuerait à descendre. Par la cheminée on procédait à l'enlèvement des déblais. En même temps on aurait pu, dans le cas où les pompes d'épuisement auraient été insuffisantes pour maintenir la fouille à sec, surmonter le caisson de cheminées métalliques et d'un sas pour l'emploi de l'air comprimé. Le caisson arrivé sur la couche solide a été rempli de maçonnerie de blocage exécutée avec le plus grand soin, et les cheminées ont été également garnies de maçonnerie.

Cette manière de procéder pour l'exécution des fondations était en quelque sorte imposée par la nécessité où l'on était de travailler dans un espace restreint, au milieu de voies en exploitation. On ne pouvait pas songer, en effet, à exécuter une fouille ayant ses talus à la pente naturelle des terres; des boisages auraient été nécessaires. La nature des terrains à traverser et la possibilité de rencontrer des eaux pendant l'approfondissement de la fouille auraient rendu ces boisages coûteux. De plus, il faut considérer que le prix de revient des maçonneries aurait été augmenté s'il avait fallu travailler dans des puits encombrés d'étais.

Les culées ont été exécutées, comme les piles, en deux parties réunies au-dessus du sol par un mur que supporte une voûte reposant sur les massifs de fondation (fig. 26).

Conclusions. — Cet ouvrage est d'un type entièrement nouveau. Il est le premier en France qui ait été exécuté d'après ce type. Il réalise dans l'art de la construction un notable progrès et fait honneur aux Ingénieurs qui l'ont conçu. Il a été projeté et exécuté par l'Administration des Travaux de la Ville de Paris sous la direction de M. Huet, Inspecteur général, et sous les ordres de M. de Tavernier, Ingénieur en chef, et de M. Salles, Ingénieur ordinaire des Ponts et Chaussées. Les travaux ont été surveillés par M. Hénault, conducteur des Ponts et Chaussées.

Il est également juste de féliciter MM. Daydé et Pillé, les constructeurs de la partie métallique. L'exécution d'un pareil ouvrage dénote chez eux une connaissance approfondie de l'art de l'Ingénieur. En même temps que la complication et la nouveauté des assemblages exigeaient une étude toute spéciale au bureau et un travail très soigné aux ateliers, la mise en place devait faire l'objet d'une étude particulière.

Le montage d'un pont de type courant au-dessus de voies en exploitation est déjà un travail difficile qui demande beaucoup de soins. Mais les précautions à prendre et les chances d'accident étaient bien plus grandes dans le cas présent, où il s'agissait de poutres mesurant plus de 10 mètres de hauteur, qui ne sont réunies ensemble d'une façon rigide qu'à leur partie supérieure. Grâce aux dispositions ingénieuses qu'ont adoptées MM. Daydé et Pillé, cette opération délicate a été menée à très bonne fin, et pendant toute la durée des travaux, aucun accident n'est venu en interrompre la marche régulière.

PONT MIRABEAU

SUR LA SEINE

Le Pont Mirabeau traverse la Seine entre le pont de Grenelle et le viaduc du Point-du-Jour. Établi dans le prolongement de la rue de la Convention, nouvellement tracée à travers les terrains vagues de la rive gauche, il débouche, du côté d'Auteuil, sur l'avenue de Versailles, au droit du carrefour des rues Rémusat et Mirabeau, et met en communication les quartiers de Javel et de Grenelle avec ceux d'Auteuil et de Passy.

Considérations générales. — Les données imposées pour l'établissement de cet ouvrage étaient multiples et difficiles à concilier.

D'une part, le service de la navigation exigeait sous les poutres une hauteur libre suffisante pour le passage des bateaux, même en temps de crue moyenne.

D'autre part, le niveau supérieur de la chaussée était imposé par la nécessité de raccorder, au moyen de pentes suffisamment faibles, les abords du pont avec les voies existantes dont il ne fallait pas songer à modifier les profils.

Enfin, du côté de Javel, on rencontre la ligne du chemin de fer des Moulineaux qui passe entre la culée rive gauche et le quai de Javel, et il était nécessaire de laisser au-dessus du rail une hauteur libre de 4^{m} 800 pour la circulation des trains.

Comme il n'était pas possible de couper la perspective de la Seine par des poutres établies au-dessus de la chaussée, la seule solution satisfaisante était un pont en arc, et les raisons que nous venons d'exposer obligeaient de donner aux arcs un surbaissement aussi considérable que possible.

La détermination du nombre des travées et de leur ouverture présentait une grande importance. Le prix élevé des fondations et la gêne apportée à la navigation par les piles en rivière devaient conduire à réduire autant que possible leur nombre, sans toutefois atteindre, pour la partie métallique, des dimensions exagérées.

De plus, comme dans la traversée de Paris la navigation, au passage des ponts, s'effectue presque entièrement par les arches centrales, à l'exclusion des arches de rive dont l'accès est rendu difficile par les bateaux-lavoirs et les bateaux de commerce amarrés le long des quais, on devait donner à la travée centrale la plus grande ouverture possible.

Ces considérations ont conduit à adopter une division en trois travées et à leur donner les ouvertures suivantes : travée centrale, 99m 34 ; travées de rive, 37m 05. Ces longueurs sont mesurées de centre en centre des articulations.

Description de l'ouvrage. — La largeur du pont entre garde-corps est de 20 mètres; elle comporte une chaussée de 12 mètres et deux trottoirs de 4 mètres chacun. La longueur totale du tablier métallique est de 173m 04. Le profil en long de la chaussée sur le pont est formé de deux lignes droites, en rampe à partir de chaque rive, raccordées par une courbe au milieu de l'ouvrage.

Le pont est du type dit *en arcs à culasses compensatrices ancrées dans les culées ;* il se compose de deux ossatures symétriques qui s'arc-boutent mutuellement par l'intermédiaire d'une articulation placée au milieu de la travée centrale du pont, et reposant chacune sur une pile au moyen d'une articulation, et sur une culée au moyen de bielles articulées.

Chaque ossature est constituée par sept fermes longitudinales, situées dans des plans verticaux parallèles à l'axe du pont, dont les écartements d'axe en axe sont respectivement de 3 mètres pour les fermes intermédiaires sous chaussée et de 3m 72 pour les deux fermes de rive sous chaque trottoir. Ces sept fermes sont invariablement reliées entre elles d'abord, à la partie supérieure, par des poutrelles portant la chaussée et les trottoirs, ensuite, à la partie inférieure, par des entretoises et, en outre, par des croix de Saint-André qui assurent leur verticalité.

Les fermes ont, en élévation, la forme d'un triangle dont les sommets correspondent respectivement à l'articulation centrale, à l'articulation de pile et à l'articulation de rive ou de culée. La membrure supérieure ou longeron est rectiligne; sa direction, parallèle à l'axe de la chaussée, est en rampe à partir de la culée jusqu'à l'articulation centrale. La membrure inférieure se compose de deux arcs formant chacun un des côtés du triangle et tournant leur convexité vers la membrure supérieure. Ces arcs partent des extrémités du longeron et viennent s'assembler tous deux sur l'articulation unique interposée entre la ferme et la pile.

Le longeron est relié à chaque arc par une triangulation comprenant des montants verticaux et des diagonales obliques. Cette triangulation est remplacée par une âme verticale en tôle pleine dans le voisinage des extrémités du longeron; dans ces régions, la ferme, dont la hauteur est très réduite, présente une section en forme de caisson.

Chaque ferme, articulée en deux sommets, respectivement avec la ferme correspondante de l'ossature symétrique qui la contre-bute et avec la pile qui lui sert d'appui, est reliée à la maçonnerie de la culée en son troisième sommet par une pièce verticale. Cette pièce

rigide, articulée à son extrémité supérieure avec le longeron et à son extrémité inférieure avec un ancrage métallique noyé dans la maçonnerie, permet à l'about de rive de la ferme de se déplacer librement dans le sens horizontal, mais s'oppose d'une manière absolue à tout mouvement vertical.

Nous appellerons *volée* la portion de chaque ferme qui est comprise entre la verticale de l'articulation sur pile et l'articulation centrale, et *culasse* la portion qui couvre la travée de rive entre la pile et la culée; chaque volée a une longueur de $49^{m}67$ et chaque culasse une longueur de $37^{m}05$.

La membrure supérieure de la volée, ou longeron, est rectiligne; sa hauteur est uniforme jusqu'à sa jonction avec la membrure inférieure. La membrure inférieure, ou arc, a son intrados tracé suivant une parabole dont le sommet correspond au parement de la pile et dont l'axe est parallèle au longeron; la hauteur de la paroi de l'arc est variable et décroît à partir de l'appui, où cette hauteur est d'environ 2 mètres. L'extrados décrit d'abord un arc de cercle de $198^{m}238$ de rayon sur une longueur horizontale de $20^{m}45$, puis devient rectiligne jusqu'à l'articulation à la clef.

Dans le cours de la volée la triangulation se compose de montants verticaux, de largeur variable en élévation, espacés de 2 mètres d'axe en axe, et de diagonales de largeur également variable. Au-dessus de la pile, la triangulation est remplacée par une croix de Saint-André comprise entre deux montants inclinés. Dans le voisinage de l'articulation centrale, une double paroi pleine est substituée à la triangulation. Cette double paroi s'étend jusqu'à la jonction de l'arc et du longeron, qui se soudent à $2^{m}80$ de l'articulation et présentent ensemble, au droit de celle-ci, une hauteur de $0^{m}84$.

La forme de la culasse est analogue à celle de la volée : elle comporte un longeron rectiligne de hauteur constante et un arc curviligne de hauteur variable. La composition des tympans est la même que pour la volée. Le longeron et l'arc se réunissent à $15^{m}52$ de l'articulation d'about.

Les distances horizontales et verticales mesurées entre les centres des articulations de volée, de pile et de culasse sont les suivantes :

	Distances horizontales.	Distances verticales.
	Mètres.	Mètres.
Articulation de volée à articulation de pile. .	49,67	6,17
Articulation de pile à articulation de culasse.	37,05	4,585

Arcs. — La section d'un arc de culasse ou de volée est en forme d'U. La hauteur des âmes, ainsi que nous l'avons dit, est variable; mais leur épaisseur est constante et égale à 10 millimètres, sauf au-dessus des piles où, pour résister à l'effort tranchant, l'épaisseur de chaque paroi est portée à 20 millimètres par l'addition d'une doublure de 10 millimètres. Aux extrémités des volées et des culasses, des

Fig. 2. — Pont Mirabeau : Vue du chantier rive gauche, prise le 20 février 1895, pendant l'embâcle de la Seine.

renforts sont appliqués sur les âmes, pour offrir un appui suffisant aux articulations.

Les semelles ont une largeur uniforme de 900 millimètres et une épaisseur variable. Cette épaisseur est, pour la volée, de 80 millimètres à la retombée sur la pile, et elle va en décroissant à mesure qu'on s'approche de l'articulation du sommet, où elle n'est plus que de 10 millimètres. Pour la culasse, cette épaisseur est de 60 millimètres à la retombée sur pile et elle va en décroissant à mesure qu'on s'approche de la culée où elle n'est plus que de 10 millimètres. Les différentes épaisseurs sont obtenues par la superposition de tôles de 10 millimètres. Dans le voisinage de la pile, les semelles quittent tangentiellement la courbe d'intrados de façon à s'arc-bouter contre des faces planes normales ménagées sur les pièces d'articulation sur pile. La courbe d'intrados est continuée par une tôle que maintiennent deux joues verticales rivées sur les cornières-bordures des semelles.

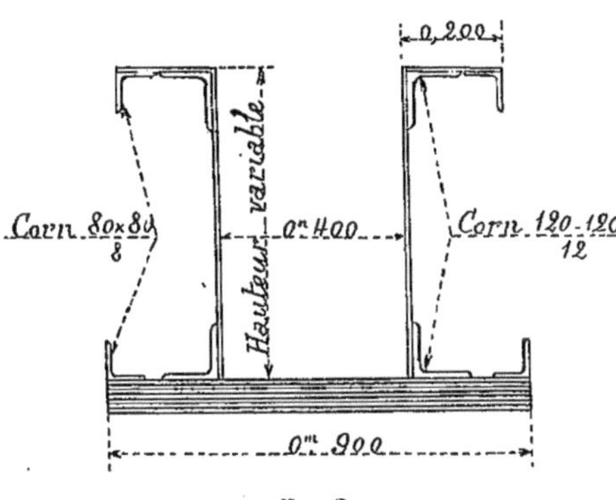

Fig. 3.

Longerons. — Le longeron de la volée, comme celui de la culasse, est formé de deux T juxtaposés. Les âmes sont d'épaisseur et de hauteur constantes 0,490 × 0,010; chaque âme, bordée à sa partie inférieure par une cornière de 100 × 100 × 12, est réunie aux semelles qui ont 380 millimètres de largeur par deux cornières de 100 × 100 × 12.

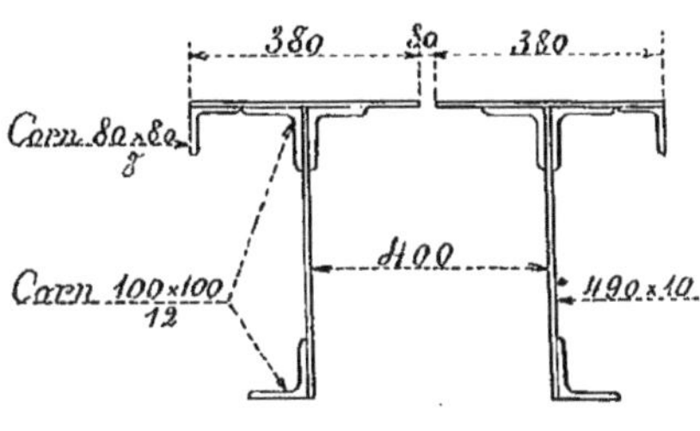

Fig. 4.

Dans les parties avoisinant l'articulation de volée et l'articulation de culasse où l'arc et le longeron sont soudés ensemble, ils forment un caisson fermé de hauteur variable. Des trous d'hommes ménagés dans les âmes de ces caissons permettent la visite et l'entretien des parties intérieures, ainsi que

Fig. 5. — Pont Mirabeau : Vue du chantier, prise le 19 avril 1895, après démontage de l'échafaudage côté rive gauche, et son installation sur la rive droite.

le boulonnage des articulations de volée. L'épaisseur des semelles des longerons est variable; elle est au maximum de 79 millimètres au droit de la pile et va en décroissant de chaque côté, de manière à être égale à 10 millimètres dans le voisinage de la clef et de la culée.

Tympans. — Les longerons sont réunis aux arcs par des montants verticaux et des barres de treillis.

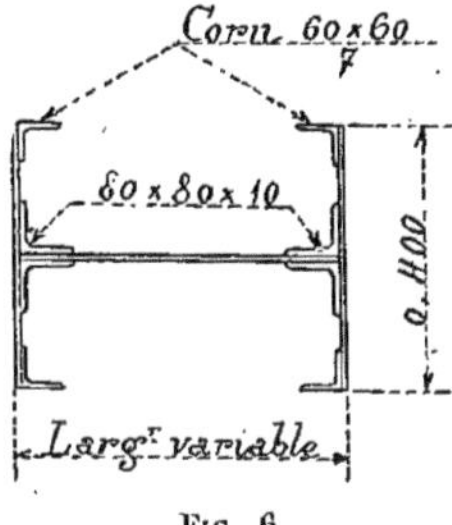

Fig. 6.

La section de chaque montant est en forme de double T dont l'âme est dans un plan parallèle à celui de la ferme. La largeur varie régulièrement de 0m 30 pour le montant près de la pile, à 0m 24 pour le dernier montant près des articulations de culasse ou de volée.

Les diagonales ont en élévation une largeur variant régulièrement de 0m 19 pour celle près de la pile, à 0m 15 pour celle près des articulations de culasse ou de volée. Ces diagonales ont la forme d'un caisson dont les angles sont composés de cornières de dimensions variables, reliées par des semelles sur les faces parallèles à la longueur du pont et par un treillis en fer plat de 60 × 8 sur les faces transversales.

Le panneau de pile est formé, pour chaque ferme intermédiaire, par deux montants inclinés, réunis par une croix de Saint-André. Dans les fermes de rive, la croix de Saint-André est recouverte par une tôle pleine. Quatre cornières de 120 × 120 × 12, disposées deux à deux en forme d'U, sont fixées sur les faces extérieures des âmes de l'arc de chaque ferme. Elles renforcent ces âmes au droit de la pile et relient les pieds des montants à l'articulation. L'âme extérieure de l'arc de rive n'est pas munie de ce renfort.

Fig. 7.

Articulation sur pile (fig. 9, pl. II). — L'articulation sur pile se compose de trois pièces, savoir : un balancier et deux coussinets.

Le balancier, en acier coulé, reçoit les réactions de la ferme et les transmet à la pile par l'intermédiaire des coussinets. Il a en élévation la forme d'une fourche dont les branches sont ouvertes suivant l'angle des semelles de culasse et de volée et s'appliquent sur la face inférieure de ces semelles au moyen de boulons.

Dans l'angle se trouve une saillie contre laquelle viennent buter les semelles interrompues sur une longueur d'environ 0m 400. Des clavettes en acier forgé, interposées entre les tranches des semelles et les faces de la saillie, assurent la transmission intégrale des efforts. La partie supérieure de cette saillie est horizontale; elle sert d'appui aux cornières-membrures et aux âmes des arcs, qui sont continues.

Le sommet de la fourche est renforcé par un demi-cylindre de 0,300 de diamètre qui constitue la rotule. Des nervures relient les branches avec le sommet.

La rotule repose dans un premier coussinet en acier coulé, ajusté et claveté dans une pièce en fonte qui s'appuie directement sur des sommiers en granit.

Articulation au sommet (fig. 4 et 5, pl. II). — L'articulation au sommet, qui assemble les extrémités des volées, assure le passage en un point bien nettement déterminé des réactions mutuelles des deux parties de l'ouvrage l'une contre l'autre en n'opposant aucune résistance aux déformations angulaires.

L'articulation proprement dite est formée de deux pièces : la rotule et le coussinet.

La rotule est une plaque rectangulaire; plane sur l'une de ses faces, elle porte sur l'autre un demi-cylindre à axe horizontal de $0^{m}12$ de diamètre.

Les extrémités de ce demi-cylindre sont dégagées de la plaque, de manière à former deux tenons cylindriques.

Le coussinet comprend deux plaques rectangulaires symétriques qui sont planes sur une face et présentent sur l'autre un évidement destiné à loger le demi-cylindre de la rotule. Chacune des plaques composant le coussinet est munie d'un œil pour recevoir les tenons de la rotule. La rotule et le coussinet sont boulonnés sur des pièces en acier fixées aux extrémités des volées.

Les pièces composant l'articulation sont ainsi indépendantes de celles des fermes et donnent toute facilité pour régler exactement la position de cette articulation lors du montage; à cet effet, il suffit d'interposer des cales d'épaisseur variable entre les pièces qui la constituent et celles qui lui servent d'appui.

Sur chaque demi-ferme, l'appui de l'articulation est constitué par trois pièces : celle du milieu pénètre dans l'intérieur du caisson formé par la réunion de l'arc et du longeron; les deux autres s'appliquent de part et d'autre des parois verticales. Toutes ces pièces, boulonnées sur les faces verticales et horizontales du caisson, sont munies de talons qui portent sur les tranches des âmes et des semelles. En outre, les pièces latérales s'appuient sur des cornières cintrées qui forment bordure autour d'un trou de $0^{m}300$ ménagé dans chaque âme pour la mise en place des boulons.

L'articulation et ses pièces d'appui sont en acier coulé.

Articulation sur culée (fig. 2, pl. II). — L'about de chaque culasse est relié à la culée au moyen d'une bielle articulée à sa partie inférieure dans une plaque en fonte. Cette bielle a la forme d'un caisson composé de semelles et de cornières assemblées par une triangulation en fers plats ; elle pénètre entre les parois verticales de la poutre par une ouverture ménagée dans la semelle. Les deux axes d'articulation, qui ont 0m 06 de diamètre, sont en acier forgé.

Chaque plaque en fonte est fixée à la maçonnerie par quatre tiges verticales d'ancrage de 3 mètres de longueur, filetées à leur extrémité supérieure et qui sont rattachées à des ancrages horizontaux noyés dans la maçonnerie.

Pièces de pont. — Les pièces de pont sous chaussée dans la volée ont une section en forme de double T, à âme pleine. Leur hauteur est variable de façon à suivre la courbure du profil transversal de la chaussée.

Les pièces de pont de culasse qui sont noyées dans le béton sont de hauteur constante.

Entretoisement et contreventement vertical. — Les membrures supérieures des fermes, autrement dit les longerons, sont réunies par les entretoises porteuses ou pièces de pont décrites ci-dessus. Il y a une entretoise porteuse au droit de chaque montant : elles sont ainsi distantes de 2 mètres.

Les membrures inférieures des formes, c'est-à-dire les arcs, sont réunies, dans les régions où elles sont nettement séparées des membrures supérieures, par des entretoises en treillis placées à l'aplomb des entretoises porteuses, mais de deux en deux seulement; ces entretoises en treillis sont ainsi distantes de 4 mètres horizontalement.

Toutefois, sur une longueur de 16 mètres à partir des culées, les entretoises inférieures se confondent avec les entretoises porteuses et n'en forment plus qu'une seule en chaque point.

Il en est de même pour les deux entretoises voisines de la rotule de jonction des deux volées, et de chaque côté de cette rotule.

Les entretoises réunissant les longerons des fermes de rive à ceux des fermes voisines, c'est-à-dire les entretoises ou pièces de pont sous trottoirs, sont spéciales, et laissent au-dessus d'elles, sous les trottoirs, un espace libre de 0m 780 de hauteur moyenne pour permettre l'installation des conduites d'eau et de gaz.

Indépendamment des entretoises, les fermes sont réunies au droit des cinq premiers montants de chaque côté des piles par des croix de Saint-André formées de fers en U et destinées à maintenir leur dévers.

Contreventement horizontal. — Il n'y a pas de contreventement horizontal proprement dit. Dans les volées, les tôles sous chaussée et les tôles des trottoirs assemblées avec les formes en tiennent lieu. Dans les culasses, les tôles sous trottoirs en tiennent également lieu et assurent la rigidité transversale du tablier. En outre, dans les culasses, les voûtes en briques sous chaussée contribuent de leur côté à assurer cette rigidité transversale.

Chaussée et trottoir. — La chaussée, limitée de chaque côté par une bordure en granit, est formée d'un pavage en bois posé sur une forme

en béton de ciment de 8 centimètres d'épaisseur. Dans la travée centrale, le béton est appliqué sur des tôles de 10 millimètres d'épaisseur formant platelage. Ces tôles, établies parallèlement au profil de la chaussée, couvrent les intervalles compris entre deux fermes consécutives. Elles sont rivées dans chacun de ces intervalles sur les ailes supérieures de trois cours de fers à double T longitudinaux de $0^{m}200$ de hauteur, espacés de $0^{m}55$ d'axe en axe, et sur deux fers en U formant bordure le long des longerons; les fers à double T et les fers en U sont supportés par les entretoises porteuses dont il a déjà été question, et qui sont attachées sur les longerons au droit de chaque file de montants.

Dans les culasses, la chaussée repose sur des voûtes en briques de $1^{m}84$ de portée et de $0^{m}11$ d'épaisseur, dont les retombées s'appuient sur les cornières inférieures des pièces de pont. Un fer plat de 70 millimètres, maintenu par des boulons, couvre, sur toute la longueur des fermes, le vide qui existe entre les deux semelles de chaque longeron.

Fig. 9. — Pont Mirabeau : Écusson décoratif masquant l'articulation au milieu du pont.

Le plancher métallique du trottoir prend appui sur deux poutrelles longitudinales surmontant la ferme de rive et la ferme voisine. Le trottoir est recouvert d'un enduit en bitume de $0^{m}015$ d'épaisseur étendu sur une couche de béton de chaux de $0^{m}06$ d'épaisseur moyenne. Du côté de la volée, le béton est posé directement sur une tôle de 8 millimètres que portent des fers Zorès transversaux de $0^{m}240$ de largeur sur $0^{m}120$ de hauteur. Dans les culasses, les tôles rivées sur les longerons sont renforcées sur leur face supérieure par des nervures composées chacune de deux cornières accouplées de $\frac{130 \times 90}{15}$, de $3^{m}30$ de portée, disposées transversalement et distantes entre elles de $0^{m}50$ Ces nervures sont noyées dans une couche de béton.

Nous indiquerons plus loin quelles sont les raisons qui ont conduit à adopter, pour la chaussée et les trottoirs, des dispositions si différentes dans les volées et les culasses et à augmenter la charge permanente sur les culasses.

Au sommet, la chaussée et les trottoirs sont continus et la coupure ménagée dans le platelage en tôle est recouverte par une tôle bavette.

La chaussée et les trottoirs sont limités aux extrémités par un garde-grève boulonné sur une poutrelle fixée aux abouts des fermes. Ce garde-grève, dont l'arête supérieure est découpée suivant le profil de la chaussée et des trottoirs, raccorde le pont avec les culées. Il porte une cornière qui sert de bavette et peut glisser sur une partie métallique scellée dans la maçonnerie.

FIG. 11. — PONT MIRABEAU : Motif de l'ornementation de la pile de gauche, face amont.

Les candélabres destinés à l'éclairage du pont sont fixés sur le plancher métallique du trottoir, dans lequel sont ménagés des panneaux démontables pour la visite des conduites établies sous le trottoir.

Dispositif pour annuler les effets de la dilatation du pavage en bois (fig. 7, pl. II). — Le pavage en bois qui offre, pour les ouvrages métalliques, l'avantage d'une chaussée élastique et unie, supprimant les trépidations causées par la circulation, présente cependant certains inconvénients. Le bois est une matière très hygrométrique, qui gonfle sous l'influence de l'humidité ; la chaussée tend alors à augmenter de volume et exercerait sur les bordures une poussée énergique si des précautions spéciales n'étaient prises pour éviter les inconvénients qui pourraient en résulter. Dans les voies ordinaires, les poussées de la

Fig. 12. — Pont Mirabeau : Motif de l'ornementation de la pile de droite, face amont.

chaussée ne s'exercent pas sur les bordures de trottoirs parce qu'on a soin de ménager entre le pavage et la bordure une rigole d'environ 5 centimètres, remplie de sable qui peut refluer au dehors. Lorsque cette précaution devient insuffisante par suite du tassement du sable, le sol qui sert d'appui aux bordures cède et se comprime : les bordures sont déplacées et il suffit de remettre les trottoirs à l'alignement après avoir enlevé une légère tranche de bois sur toute la longueur.

Dans un pont métallique, les bordures du pavage s'appuient latéralement sur une partie indéformable et la poussée se transmettrait intégralement aux assemblages du trottoir et des entretoises ; ces attaches travailleraient alors dans des conditions pour lesquelles elles ne sont pas prévues et leur solidité serait gravement compromise si on ne se préoccupait pas de limiter les effets de l'effort de la poussée due à la dilatation de la chaussée en bois.

On a donc songé, tout en maintenant le matelas de sable interposé entre les bordures et le pavage, à faire absorber par des ressorts le travail provenant de la poussée des bordures sur leurs appuis, et on a adopté, pour obtenir ce résultat, la disposition suivante.

Le longeron qui sert d'appui au platelage métallique du trottoir, du côté de la chaussée, a la forme d'un U posé verticalement, dont les ailes sont tournées vers la chaussée. Dans cet U sont logés des ressorts en spirale, espacés de 0^{m} 750, sur lesquels prend appui un longeron mobile régnant sur toute la longueur de l'ouvrage. Ce longeron, qui est situé au niveau du pavage, a une section en Z, formée par une âme et deux cornières ; la cornière supérieure peut s'engager sous celle du longeron fixe en U, et la cornière inférieure repose sur la fondation prolongée du pavage en bois. Des boulons traversant le longeron fixe du trottoir maintiennent le longeron mobile en contact avec les ressorts dont ils règlent la hauteur initiale.

En cas de gonflement des pavés en bois, lorsque la poussée dépassera la résistance des ressorts, qui est inférieure à celle des attaches du trottoir, le garde-grève mobile se déplacera. Dans ce mouvement, il sera suivi par la bordure en granit qui tournera autour de l'arête par laquelle elle s'appuie sur les fers du trottoir. Il se produira alors une fente à la jonction de la bordure avec l'enduit en bitume.

Lorsqu'on voudra rétablir l'alignement des trottoirs, il suffira de procéder comme pour une voie ordinaire, c'est-à-dire de redresser les bordures après avoir enlevé une tranche de bois sur toute la longueur. En même temps, les ressorts ramèneront le garde-grève mobile dans sa position primitive, qui est sa position normale, et il ne sera pas nécessaire de toucher à la fondation en béton de ciment qui est complètement indépendante et sert de surface de glissement.

Exposé du système de pont. — Nous avons dit plus haut que le pont est du type *en arcs à culasses compensatrices ancrées dans les maçonneries.* Nous croyons intéressant d'exposer maintenant sur quels principes repose ce système et quels avantages il présente. Mais, avant de l'examiner, il est nécessaire de rappeler dans quelles conditions se trouve placé, au point de vue théorique, un arc ordinaire muni de trois articulations.

Considérons donc un arc de ce système (fig. 14). Un poids isolé P agissant sur l'arc donnera naissance dans chaque articulation à une poussée horizontale Q qui sera égale à $\frac{Pa}{h}$, si nous désignons par h la

Fig. 13. — Pont Mirabeau : Vue d'ensemble, prise de la rive droite.

flèche de l'arc et par a l'abscisse du point d'application de la force P par rapport à l'appui voisin.

Outre le moment fléchissant local, l'arc supporte au point d'application de la force P un effort de compression égal à $\frac{Q}{\cos \theta}$, θ étant l'angle que fait avec l'horizontale la tangente à l'axe de l'arc au point

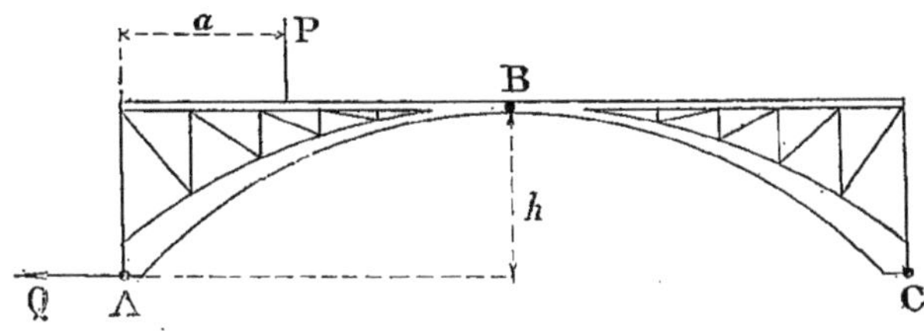

Fig. 14.

considéré. La valeur de cet effort va en décroissant des naissances, où il est égal à $\frac{Q}{\cos \theta}$, au sommet où, la tangente devenant horizontale, $\cos \theta$ est égal à l'unité.

Dans les arcs très surbaissés, la valeur de $\cos \theta$ varie peu et reste voisine de l'unité; de plus, si la charge permanente est de beaucoup supérieure à la surcharge accidentelle, l'effort dû à la compression générale est bien plus important que celui provenant du moment fléchissant local. On comprend alors que la section sera sensiblement constante sur toute la longueur de l'arc.

Le longeron n'a généralement qu'un rôle accessoire : il reçoit les charges et les transmet à l'arc; toutefois, si le tympan comporte des montants et des diagonales, il intervient, dans une certaine mesure, pour résister aux moments fléchissants locaux.

Lorsque le tympan est réduit aux montants verticaux sans diagonales, ce tympan et le longeron sont indépendants de l'arc et n'interviennent nullement pour modifier les efforts qu'il supporte.

Supposons maintenant qu'on munisse chaque demi-arc d'un porte-à-faux dont l'extrémité libre serait réunie par le longeron au sommet de l'arc.

Soient P' un poids agissant sur la console GDA et a' l'abscisse du point d'application (fig. 15). Ce poids P' produira dans la portion de ferme ABG une action inverse à celle du poids P. La poussée développée entre les arcs en B n'aura plus alors pour valeur que

$$\frac{Pa - P'a'}{h}.$$

En raison du porte-à-faux de la console, la ferme ABG sera, dans toutes ses sections verticales, soumise à un moment fléchissant. Ce moment est égal à $P'a'$ dans la section GA et va en décroissant de G vers B ; en B il est égal à zéro. Le longeron BG peut être assimilé à la membrure supérieure d'une pièce travaillant à la flexion ; il sera soumis à un effort de traction nul en B et croissant jusqu'en G où il atteint sa valeur maximum. Il devra donc exister, entre le longeron et la membrure inférieure BA, une triangulation capable de résister à l'effort tranchant dû à la variation des moments fléchissants.

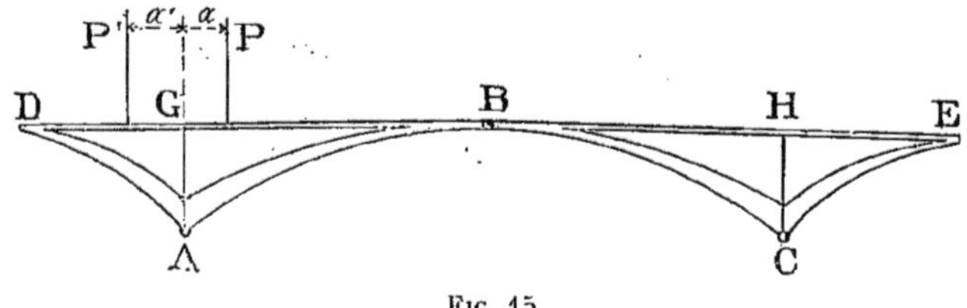

Fig 15.

L'arc AB supporte en B la réaction de la poussée horizontale que nous avons trouvée égale à $\frac{Pa - P'a'}{h}$. En A il supporte :

1° L'effort dû à la réaction de la poussée horizontale sur la pile, soit $\frac{Pa - P'a'}{h} \frac{1}{\cos \theta}$;

2° L'effort produit par la réaction de la partie DA, soit $\frac{P'a'}{h} \frac{1}{\cos \theta}$.

La somme de ces deux réactions est égale à $\frac{Pa}{h} \frac{1}{\cos \theta}$.

On voit de suite que l'effort supporté par l'arc au sommet a été diminué sans qu'il y ait eu augmentation de celui exercé aux naissances.

La disposition que nous venons d'indiquer, et qui a pour effet d'intéresser le longeron et les tympans à la stabilité de la ferme, donne donc comme premier résultat une amélioration dans la répartition des efforts supportés par l'arc. L'effort n'est pas modifié aux naissances sur les piles, il est vrai, mais il décroît jusqu'à la clef où la réduction est égale à

$$\frac{P'a'}{h}.$$

En outre, les culées en maçonnerie deviennent moins importantes, la poussée horizontale de l'ouvrage subissant la même réduction que la poussée à la clé. A la limite, dans le cas où les deux portions ADG, ABG seraient symétriques et chargées symétriquement, on aurait $Pa = P'a'$. Les fermes n'exerceraient aucune poussée entre elles ni sur les piles et l'ensemble serait en équilibre sur les appuis A et C.

Le système ne donne probablement pas de diminution dans le

poids du métal employé. Son principal avantage consiste en ce que les poussées étant considérablement diminuées, il permet d'obtenir un très grand surbaissement sans que les réactions horizontales transmises aux maçonneries dépassent des limites acceptables.

L'arc est allégé dans la partie centrale et le centre de gravité de la ferme AGB se rapproche de la pile qui subit alors une poussée horizontale moindre. Ce résultat est avantageux surtout dans les ponts à grande ouverture où la charge permanente, bien supérieure à la surcharge accidentelle, joue un rôle prépondérant. L'importance des maçonneries est alors diminuée, ce qui constitue une notable économie.

Enfin, les variations de température ne développent aucun effort supplémentaire dans les éléments d'une ferme ainsi conçue, dont les sommets B, D, E peuvent s'élever ou s'abaisser en pivotant autour des articulations A et C.

Dans tout ce qui vient d'être exposé, il a été supposé que les abouts D et E ne reposaient sur aucun appui; il en résulte que les modifications apportées à l'état d'équilibre du pont, modifications dues à des variations de température ou au passage de surcharges roulantes, auront pour effet de déplacer les points D et E dans le plan vertical de la ferme : ils décriront alors des arcs de cercle autour des points A et C. Ces déplacements peuvent se décomposer suivant deux directions perpendiculaires : l'une horizontale, l'autre verticale.

Le mouvement dans le sens horizontal ne présente aucun inconvénient au point de vue du raccordement du pont avec la chaussée sur culée; on l'observe dans tous les ouvrages métalliques, et il suffit de ménager dans la chaussée un joint de dilatation.

Il n'en est pas de même du mouvement dans le sens vertical, qui produirait un ressaut à la jonction du tablier avec la culée; aussi a-t-on prévu la disposition suivante qui supprime cet inconvénient. L'about de culasse de chaque ferme est relié par une bielle à un ancrage noyé dans la maçonnerie. Cette bielle, articulée à ses deux extrémités, ne doit supporter aucun effort lorsque le pont, n'étant pas surchargé, se trouve à la température pour laquelle la longueur de la bielle est déterminée. Afin d'arriver à ce résultat, on règle cette longueur au moment où le pont, étant complètement achevé avec la chaussée et les trottoirs, le thermomètre marque la température moyenne choisie. Dans ces conditions le pont est en équilibre comme si la liaison avec les culées n'existait pas.

Si, pour une cause quelconque, l'extrémité de la ferme tend à se déplacer verticalement, la bielle intervient pour la maintenir. Cette bielle subit alors une compression ou une tension, suivant que la ferme tend à s'abaisser ou à se relever, et elle exerce sur la ferme un effort vertical de sens inverse. Cette réaction verticale se calcule en remarquant qu'elle est égale à la force susceptible de faire subir à la ferme un déplacement égal et de sens contraire à celui qui se produirait si l'áncrage n'existait pas.

L'amplitude des déplacements à annuler dépend de la longueur du porte-à-faux; il y a donc avantage, pour atténuer les efforts exercés sur la bielle et les réactions transmises à la ferme, à diminuer cette longueur. Mais la réduction imposée à la portée de la console se fait sentir sur le bras de levier a' et par suite sur le moment $P'a'$. Afin de conserver à ce moment une valeur suffisante pour que son influence sur la poussée horizontale soit de quelque importance, on est conduit à augmenter la charge de la console. Ce poids supplémentaire qui oblige à renforcer les éléments de la culasse a pour premier effet de la rendre plus lourde. En même temps, cette partie du pont étant plus rigide est moins susceptible de se déformer et, comme elle est composée d'éléments robustes, elle est mieux à même de résister aux efforts que produit la réaction de la bielle.

En résumé, ce système sera avantageux si, en augmentant la travée centrale, on réduit son poids permanent, tandis que la culasse devra avoir une faible longueur et une charge permanente importante.

Pour le pont Mirabeau, on est arrivé à ce résultat en donnant à la culasse une longueur qui est environ les trois quarts de celle de la volée, et en adoptant pour la chaussée et les trottoirs les dispositions indiquées précédemment.

Le réglage des bielles a été effectué à la température de + 10° et les températures extrêmes admises pour le calcul sont — 16° et + 36°.

Nature et qualité des matériaux. — Toutes les pièces de la charpente métallique sont en acier laminé, à l'exception des Zorès, double T, U, cornières et tôles entrant dans la composition des planchers métalliques de la chaussée et des trottoirs, lesquels sont en fer. Les longerons des trottoirs sont également en fer. Le métal des rivets est de même nature que celui des pièces qu'ils assemblent.

Les pièces d'articulation et les coussinets intermédiaires sur piles sont en acier coulé.

Les clavettes d'ajustage et les ressorts sont en acier forgé, ainsi que les axes fixant les bielles sur culées.

Les coussinets inférieurs sur piles, les plaques sur culée, les garde-corps et motifs d'ornementation sont en fonte.

Le poids total des métaux entrant dans la construction est de 2.744.000 kilogr. et se subdivise comme suit :

Acier laminé	2.077.000	kilogr.
Fer laminé	385.000	—
Acier coulé	77.000	—
Acier forgé	5.000	—
Fontes d'appui	48.000	—
Garde-corps et fontes décoratives	152.000	—

Les conditions imposées par le cahier des charges sont indiquées ci-après :

Nature des matériaux	Résistance minimum à la traction par millimètre carré.	Allongement minimum.
—	—	—
Acier laminé	45 kilogr.	22 °/₀
Acier moulé	45 —	8 °/₀
Fer laminé	32 —	8 °/₀
Acier pour rivets et boulons	38 —	28 °/₀
Fers pour rivets et boulons	36 —	16 °/₀

Le cahier des charges spécifiait aussi, pour la réception des matières premières, diverses conditions d'essais de pliage à chaud et à froid, de soudure, etc., dont l'énumération serait un peu longue.

Maçonneries. — Le pont repose sur deux piles et deux culées. Le *Génie Civil* (1), dans son numéro du 20 janvier 1894, a déjà publié une étude du mode de fondation de ces piles et de la forme particulière qui leur a été donnée pour résister à la poussée horizontale. Nous ne reviendrons pas sur ce sujet; nous rappellerons seulement que ces piles reposent sur des caissons métalliques, descendus au moyen de l'air comprimé jusqu'au terrain solide formé par une couche de craie compacte, mélangée de silex noir, rencontrée à 16 mètres environ au-dessous du niveau moyen des eaux.

Quant aux culées, leur rôle est analogue à celui des murs de quai. Elles ne subissent, de la part du pont, aucune réaction horizontale, et les seuls efforts transmis par les bielles sont des efforts verticaux de peu d'importance. Elles sont fondées sur un massif en béton encastrant les têtes de pieux battus dans une enceinte continue de pieux et palplanches.

Décoration de l'ouvrage. — Une des principales conditions auxquelles doivent satisfaire les ponts établis dans les grandes cités, est de concourir, autant que possible, à l'ornementation générale.

La forme en arc, qui permet d'éviter la monotonie et la rigidité des lignes présentées par les ponts à poutres droites, prête par elle-même à l'ouvrage un caractère architectural.

Le surbaissement considérable de la travée centrale et la grande ouverture de cette travée donnent un aspect de légèreté et de hardiesse qu'il eût été impossible d'atteindre avec un pont en maçonnerie. Pour conserver à la courbe d'intrados la continuité et la netteté qu'offrent les ponts en fonte ou les ponts en maçonnerie, on a masqué les ressauts dus aux couvre-joints et aux semelles supplémentaires par un bandeau en tôle découpée, rivé sur la cornière-bordure extérieure de l'arc de rive.

De plus, afin d'éviter l'aspect grêle et instable qu'aurait présenté, pour un ouvrage de cette importance, l'appui sur la pile réduit à une articulation, on a placé l'appui réel dans un encuvement ménagé à la partie supérieure de la maçonnerie, et de fausses retombées, ajou-

(1) Voir le *Génie Civil*, t. XXIV, n° 12, p. 177.

tées dans chaque arc à la partie résistante, donnent l'impression que la ferme repose sur toute la largeur du couronnement de la pile.

Contrairement à ce qui se fait souvent pour les ponts en arc, on s'est attaché à ne pas cacher l'ossature métallique sous des appliques en fonte. La membrure inférieure ne porte aucune décoration ; on a compté, avec raison, sur l'harmonie des grandes lignes de l'arc, et l'effet produit est des plus heureux. Dans les tympans, il n'existe pas non plus d'appliques en fonte; on a seulement découpé les goussets d'attache des montants verticaux, de manière à figurer des chapiteaux et des soubassements dont les moulures seront indiquées par les jeux d'ombre de cornières en saillie rivées sur ces goussets. Toute la décoration se réduit au garde-corps et à son soubassement.

Le niveau de la chaussée est marqué par une corniche en fonte. Cette corniche, qui fait une saillie très prononcée sur la paroi de l'arc, continue le couronnement en pierre de taille des culées. Elle est boulonnée sur des corbeaux fixés au longeron du trottoir et semble supportée par des consoles en fonte placées sur le longeron de la ferme de rive, à l'aplomb des montants. Devant l'articulation au sommet, où la corniche est forcément interrompue, la solution de continuité est masquée par un écusson en bronze doré (fig. 9).

Le garde-corps, très robuste, est en fonte; il règne sans interruption sur toute la longueur du pont. Ses formes très simples s'harmonisent avec l'ensemble de l'ouvrage dont l'ornementation présente un caractère incontestable d'élégance et de sobriété.

Pour compléter cette description, ajoutons que les piles seront surmontées par des groupes symboliques (fig. 11 et 12). Cette partie de la décoration a été confiée à un artiste de grand talent, M. Injalbert. Les maquettes, déjà exécutées et mises en place, montrent qu'il y aura harmonie complète dans l'aspect général du pont, et ces statues ajouteront à l'ouvrage un caractère très artistique.

Conclusion. — Le Pont Mirabeau est la première application que l'on ait faite d'un pont construit d'après le principe d'un arc à trois articulations et à culasses compensatrices. D'après le résultat obtenu on voit quel parti on pourra tirer de ce système. Pour franchir de très grandes portées, ce type d'arc est tout indiqué et les avantages qu'on retirera de son emploi seront encore plus appréciables si les conditions imposées permettent de ne pas exagérer le surbaissement de la travée centrale.

Nous devons toutefois faire remarquer que la construction de cet arc de 100 mètres de portée, avec un surbaissement du seizième, constitue une tentative très hardie et dont la réalisation n'avait pas encore été tentée jusqu'à ce jour.

Les auteurs du projet ne se sont pas bornés à des études techniques : la question de décoration a été traitée par eux avec un soin égal et l'on peut dire qu'ils ont complètement réussi. Cet ouvrage, parfaitement étudié jusque dans ses moindres détails, remplit toutes les conditions requises au point de vue des dispositions à adopter ; d'autre part, ses lignes élégantes, complétées par une ornementation très sobre, forment un ensemble des plus satisfaisants à tous égards.

Le Pont Mirabeau a été projeté et exécuté sous les ordres de MM. Rabel et Résal, Ingénieurs en chef, et Alby, Ingénieur ordinaire des Ponts et Chaussées.

Il a été construit par MM. Daydé et Pillé, les constructeurs bien connus, et son exécution a été soignée d'une façon remarquable. Les installations de l'important matériel de montage ont été très heureusement conçues, ce qui a permis d'effectuer la mise en place dans les meilleures conditions de précision, de rapidité et de sécurité pour le personnel ainsi que pour le service de la navigation.

La construction de ce grand ouvrage d'art fait le plus grand honneur aux Ingénieurs qui l'ont étudié et à ses constructeurs. Nous rappellerons à ce propos que, en même temps que MM. Daydé et Pillé commençaient les travaux du pont Mirabeau, le pont de la rue de Tolbiac, dont ils avaient également l'entreprise et dont nous avons donné une description dans le *Génie Civil*, était en pleine période d'exécution. La création d'un nouveau chantier et la marche parallèle de deux montages de cette importance n'ont apporté aucun trouble dans l'avancement régulier des travaux.

Le pont Mirabeau est aujourd'hui achevé. Il vient d'être livré à la circulation après avoir subi, le mois dernier, les épreuves par poids mort et par charges roulantes prescrites par la circulaire ministérielle du 29 août 1891.

IMPRIMERIE CHAIX, RUE BERGÈRE, 20, PARIS. — 9808-3-96. — (Encre Lorilleux).

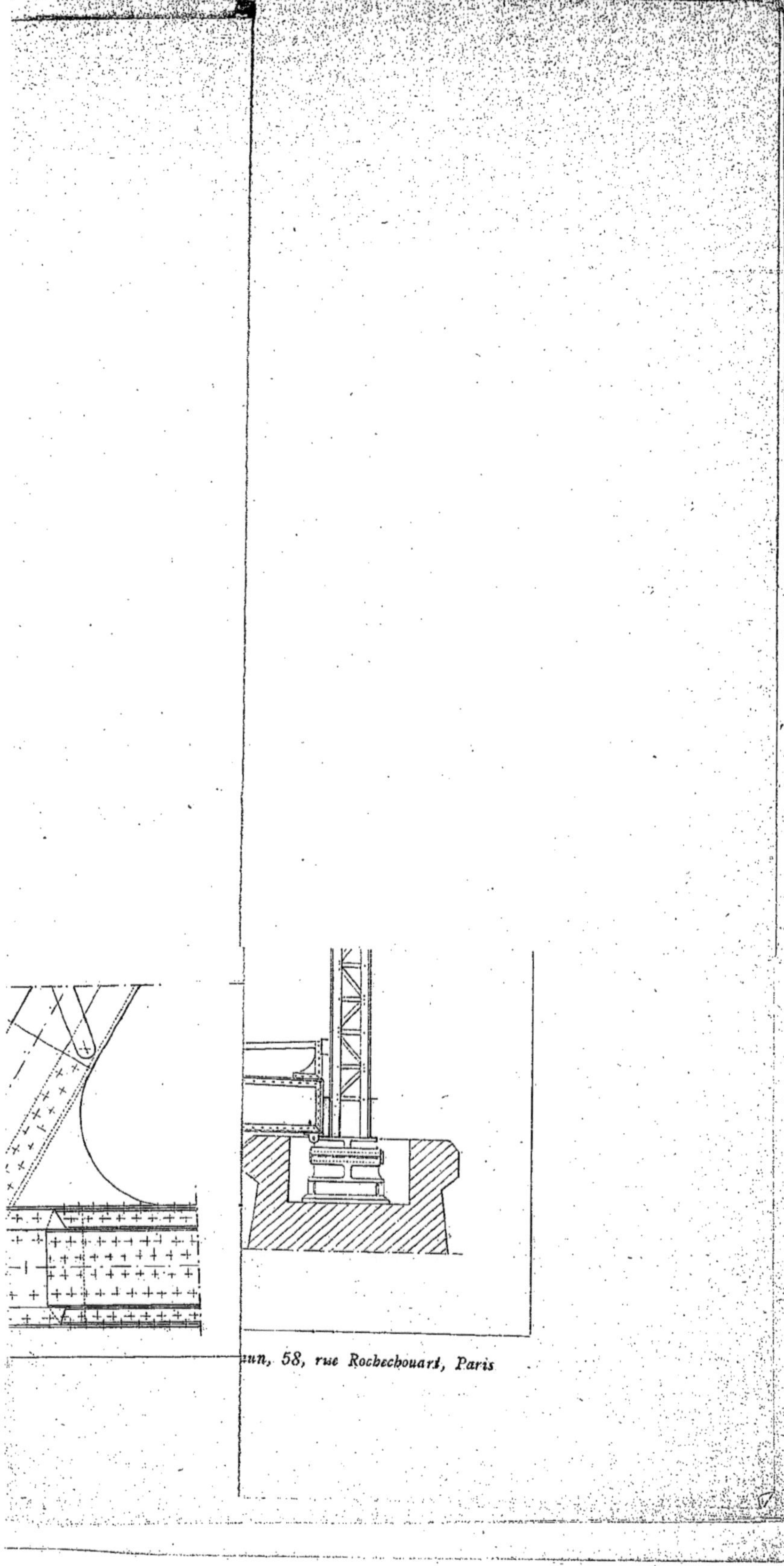

…un, 58, rue Rochechouart, Paris

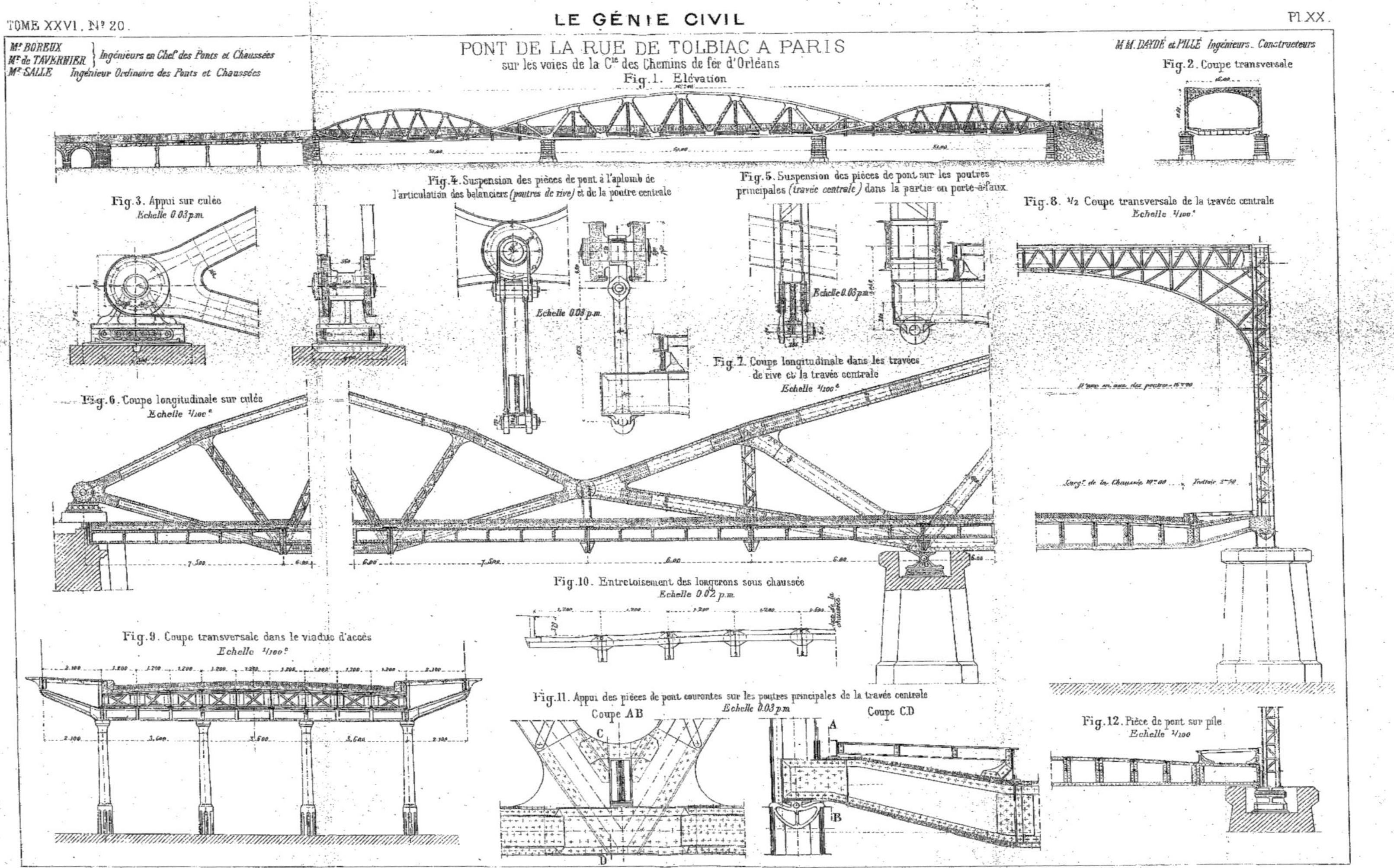
PONT DE LA RUE DE TOLBIAC A PARIS
sur les voies de la Cie des Chemins de fer d'Orléans
Mr BOREUX
Mr de TAVERNIER
Ingénieurs en Chef des Ponts et Chaussées
Mr SALLE Ingénieur Ordinaire des Ponts et Chaussées
MM. DAYDÉ et PILLÉ Ingénieurs-Constructeurs
Fig. 1. Elévation
Fig. 2. Coupe transversale
Fig. 3. Appui sur culée
Echelle 0.03 p.m.
Fig. 4. Suspension des pièces de pont à l'aplomb de l'articulation des balanciers (poutres de rive) et de la poutre centrale
Echelle 0.03 p.m.
Fig. 5. Suspension des pièces de pont sur les poutres principales (travée centrale) dans la partie en porte-à-faux
Echelle 0.03 p.m.
Fig. 6. Coupe longitudinale sur culée
Echelle 1/100e
Fig. 7. Coupe longitudinale dans les travées de rive et la travée centrale
Echelle 1/100e
Fig. 8. 1/2 Coupe transversale de la travée centrale
Echelle 1/100e
Fig. 9. Coupe transversale dans le viaduc d'accès
Echelle 1/100e
Fig. 10. Entretoisement des longerons sous chaussée
Echelle 0.02 p.m.
Fig. 11. Appui des pièces de pont courantes sur les poutres principales de la travée centrale
Echelle 0.03 p.m.
Coupe AB
Coupe CD
Fig. 12. Pièce de pont sur pile
Echelle 1/100

M.M. Rabel et Résal Ingénieurs en Chef
M. Alby Ingénieur ordinaire des Ponts-et-Chaussées.

M.M. Daydé et Pillé.
Ingénieurs-Constructeurs.

PONT MIRABEAU SUR LA SEINE A PARIS

Fig. 1 _ Élévation d'ensemble
Échelle 1/500e

Fig. 2.
Ancrage sur culée
Échelle 0m03 p.m

Fig. 3 _ Coupes longitudinales
Échelle 1/100e

Extrémité de culasse — dans le trottoir — dans la chaussée — dans le trottoir — à la clé

Fig. 4 et 5.
Articulation à la clé
Échelle 0.03 p.m
Élévation

Coupe horizontale suivt AB

Fig. 6 _ Corniche et garde-corps
Échelle 0.025 p.m

Fig. 7.
Détail du garde-grève mobile
Échelle 0m05 p.m

Fig. 8.
Assemblage des entretoises sous chaussées avec les membrures supérieures des arcs
Échelle 0.05 p.m.

Fig. 9.
Élévation de l'articulation sur pile
Échelle 0m03 p.m.

Fig. 10 _ Coupe transversale dans la culasse suivt CD.
Échelle 1/100e

Fig. 11 _ Coupe transversale dans la volée suivt EF.
Échelle 1/100e

Auto-Imp. G. Derval & Braun, 55, rue Rochechouart, Paris

www.ingramcontent.com/pod-product-compliance
Ingram Content Group UK Ltd.
Pitfield, Milton Keynes, MK11 3LW, UK
UKHW012110240726
13965UKWH00004B/1669